感谢石河子大学"中西部高校综合实力提升工程"、兵团社科基金资助项目
（14YB05）、石河子大学经济与管理学院农业现代化研究中心、兵团重点
文科基地——屯垦经济研究中心开放课题(ZX1403) 资助出版

经济管理学术文库·经济类

节水农业持续发展的长效机制研究
——基于新疆生产建设兵团视角

Study on Management Mechanism of Sustainable
Development of Water-saving Agriculture
—A Case of Xinjiang Production and Construction Corps

张红丽　等／著

经济管理出版社
ECONOMY & MANAGEMENT PUBLISHING HOUSE

图书在版编目（CIP）数据

节水农业持续发展的长效机制研究：基于新疆生产建设兵团视角/张红丽等著 . —北京：经济管理出版社，2016. 12
ISBN 978 - 7 - 5096 - 4740 - 0

Ⅰ. ①节…　Ⅱ. ①张…　Ⅲ. ①节水农业—农业发展—研究—新疆　Ⅳ. ①S275

中国版本图书馆 CIP 数据核字（2016）第 289554 号

组稿编辑：曹　靖
责任编辑：杨国强　张瑞军
责任印制：黄章平
责任校对：张　青

出版发行：经济管理出版社
　　　　　（北京市海淀区北蜂窝 8 号中雅大厦 A 座 11 层　100038）
网　　址：www. E - mp. com. cn
电　　话：（010）51915602
印　　刷：北京九州迅驰传媒文化有限公司
经　　销：新华书店
开　　本：720mm × 1000mm/16
印　　张：12. 25
字　　数：227 千字
版　　次：2016 年 12 月第 1 版　　2016 年 12 月第 1 次印刷
书　　号：ISBN 978 - 7 - 5096 - 4740 - 0
定　　价：58. 00 元

前　言

新疆生产建设兵团（以下简称"兵团"）是一个集党、政、军、企于一身的特殊组织，自1954年成立以来，一直以屯垦戍边为己任，其中，农业是兵团的支柱产业。而兵团农业可持续发展的主要制约因素是水。一方面，水资源缺乏，绿洲面积仅占土地总面积的4.2%，人口缺水率为15.6%，牧畜缺水率为24.3%。水资源对社会经济发展的压力指数为0.65。生态缺水导致生态荒漠化，森林覆盖率仅为4.06%。另一方面，水资源利用不当造成大量浪费，渠系水资源利用率仅为0.45左右，农业灌溉方式落后，多采用大水漫灌、串灌，水大量渗漏抬高地下水位，产生土地盐碱化。由于水的因素造成农业生态环境正向沙化、退化和盐碱化方向发展，严重阻碍了农业可持续发展的进程，因此，发展节水生态型持续农业模式是新疆农业可持续发展的必然选择。本书立足于节水农业可持续发展，进一步研究有效保障节水农业持续发展的长效机制，为兵团制定各种发展政策提供理论依据，为推进兵团农业规范、有序、高效发展提供借鉴。

首先，本书对兵团节水农业发展现状进行介绍，阐述其取得的成就、经验和存在的不足及启示。

其次，以农业可持续发展理论为依据，构建兵团农业持续发展长效机制的理论框架。

最后，分别从兵团节水生态农业技术创新机制、产业化经营体系创新机制、生态补偿机制、市场主导下的结构调整机制、多元化主体投融资机制、利益补偿与产权激励制度、评估与监控机制七个方面，充实兵团节水生态农业长效机制理论与实践。

节水生态农业是遵循生态规律和社会经济规律，依靠现代农业技术和科学管理手段，采取综合性的节水措施，以持续增长的生产率、持续协调的农业生态环境、持续利用与保护的农业资源为目标，以"高产、高效、优质、低耗"为宗旨，用现代工业武装、实行现代经营管理方式的农业综合体系。其根本目的是实现生态效益、经济效益、社会效益、环境效益和景观效益的统一，提高农业整体竞争力，为实现整个农村经济社会的可持续发展奠定基础。

目　录

第一章　兵团节水生态农业发展现状分析

第一节　兵团概况

新疆维吾尔自治区（以下简称"自治区"）地处祖国西北，国土面积占全国的1/6。新疆生产建设兵团（以下简称"兵团"）分布在新疆的天山南北和边境沿线，战略地位极为重要。党中央、国务院十分重视兵团的屯垦戍边事业，以毛泽东同志为首的第一代领导集体高瞻远瞩，从保持边疆地区的长治久安出发，创建了新疆生产建设兵团；以邓小平同志为核心的第二代领导集体，从维护边疆稳定的大局出发，恢复了新疆生产建设兵团；以后的中央各代领导集体，准确把握国际国内形势的发展变化和新疆境内的复杂情况，做出了一系列重大决策，进一步发展壮大了新疆生产建设兵团。经过中央几代领导集体对兵团这一组织形式的定性、定位，明确了兵团是党政军企合一的特殊组织，担负着国家赋予的屯垦戍边的职责，自行管理内部的行政、司法事务，在国务院实行计划单列，受中央政府和新疆维吾尔自治区人民政府双重领导。

50多年来，在党中央、国务院的高度重视和关怀支持下，兵团忠实履行屯垦戍边的历史使命，实行劳武结合、寓兵于民的组织形式，充分发挥了"三个队"（生产队、工作队、战斗队）和"四个力量"（经济建设、社会稳定、民族团结、边防巩固的重要力量）的作用。兵团各级党组织和广大职工群众认真落实中央的一系列指示精神，着眼于中央精神与兵团实际的有机结合，以履行好中央赋予的屯垦戍边使命为己任，以"发展壮大兵团，致富职工群众"为工作方针和目标，大力实施西部大开发战略，使兵团的屯垦戍边事业在新的历史条件下取得了新发展。截至2012年底，兵团现有总人口264.86万人，屯垦戍边队伍上百万；土地总面积4246.87千公顷，耕地面积150.94千公顷[①]。兵团下辖14个师，

---

① 数据来源：《2013年新疆建设兵团统计年鉴》。

有 175 个团场分布在祖国 1/6 的广袤土地上，其中有 58 个团场、上千个连队分布在 2019 千米的边境一线。兵团拥有石河子、阿拉尔、五家渠、图木舒克、铁木关、北屯 6 个县级直辖市；有国家级的石河子经济技术开发区和农业高新技术园区；有完善的公检法司监机构和健全的戍边维稳队伍。

第二节　兵团水利基本情况

新疆位于欧亚大陆腹心地区，兵团垦区和农牧团场大多地处河流下游、沙漠边缘、盐碱腹地和边境沿线，气候干旱，降雨稀少，农作物生长必须依靠灌溉。水利是兵团经济乃至屯垦戍边事业发展的生命线。兵团的发展、壮大史，实际上也是一部兴修水利的发展史。兵团人在新疆天山南北和边境沿线，不畏艰难，勇于开拓，在戈壁荒漠上修建水库，整修河流，修渠打井，开荒造田，引水灌溉，在茫茫荒原上建成一个个田陌连片、渠系纵横、林带成网、道路畅通的绿洲垦区。

50 多年来，兵团水利事业取得了长足发展，形成了较大规模。截至 2012 年底，兵团直接和参与开发、利用及管理的河流有 116 条，年均径流量约 300 亿立方米，年平均引水量约 131 亿立方米，其中取用地下水 21.89 亿立方米；灌溉面积 1818.50 万亩。兵团拥有水库 125 座，总库容量 32.79 亿立方米，其中大型水库 11 座，库容量 18.27 亿立方米；中型水库 30 座，库容量 11.94 亿立方米；小型水库 84 座，库容量 2.58 亿立方米。有输水干渠 8593.45 千米，其中，已防渗 6068.6 千米。各类渠道建筑物 103867 座；机电井 15643 眼，其中，已配套 15407 眼。667 公顷以上灌区 83 处，其中，3.33 万公顷以上灌区 7 处；2 万～3 万公顷灌区 6 处。堤防建设长度达 2477.96 千米，保护人口 152.77 万人，保护耕地 42.22 万公顷。在河道上建引水闸 114 座，其中，大型水闸 5 座；中型水闸 26 座；小型水闸 83 座。兵团总灌溉面积 136.06 万公顷，水利工程年供水量 125.59 亿立方米，其中，农业供水 118.62 亿立方米，工业供水 3.58 亿立方米，城乡生活用水 1.45 亿立方米，生态用水 1.32 亿立方米。这些水利基础设施的建设，使亘古生存极地塔克拉玛干和古尔班通古特沙漠及自然环境恶劣的边境沿线诞生了大片绿洲，总面积达 7.45 万平方千米，为兵团经济、社会的发展和屯垦戍边事业的壮大提供了有力的支撑和保障。

在长期的发展过程中，兵团逐步形成了较为完善的水利管理体系。兵团和 13 个农业师设有水利局及 18 个场外水管机构，各团场均设有水管科、所（站），全兵团水利战线现有管理和生产人员 1.6 万余人，管理着自有配套的引、蓄、输、配等水利工程供水系统，进行着兵团内部水资源的开发、利用、保护和管理等工作。

第三节　兵团节水灌溉建设情况

兵团开发初期，主要是为了解决防冲问题，同时为了减少渠道渗漏，采用砌石和混凝土板结构对纵坡较大的渠道实施衬砌。至 20 世纪 70 年代中期，兵团的灌溉面积得到较大发展，但由于输水渠系以及田间工程标准太低，田间灌水工作粗放落后，造成毛灌溉定额过高，水资源呈现紧张局面。同时，由于大量地表水渗入地下，导致地下水位急剧上升，造成土壤次生盐渍化，使农田减产甚至弃耕。而水资源紧缺地区，水的利用率过低加剧了农田供水困难、作物低产、效益低下。兵团的水利及农业工作者，逐渐认识到上述问题的严重性，开始通过节水灌溉工作提高水的利用率并同时达到改良土壤的目的。主要措施是实施渠道防渗，改进田间灌水技术，而且引进了先进的喷灌及滴灌技术开展试验及推广应用工作，经过努力，渠道防渗工作取得了明显的进展，田间节水灌溉技术也已全面推开，喷灌技术应用也有了一定规模，微灌技术创造了农田大面积应用的世界第一。

在兵团党委的高度重视和领导下，经过兵团广大职工的积极努力，兵团节水灌溉建设取得了令人瞩目的成绩。据兵团节水灌溉建设办公室统计，截至 2012 年 7 月，兵团在农业生产中应用的现代化节水灌溉面积已达 1361 千公顷。节水灌溉的发展对推动兵团农业生产、缓解水资源紧缺局面、改善农业生产条件、促进农业结构调整发挥了重要作用，为兵团的农业生产稳产高产奠定了坚实的基础。目前，兵团已成为我国在大田农业生产中应用微灌节水技术、发展节水农业的最大地区。

第四节　兵团节水生态农业建设的背景

一、缺水严重制约农业的发展

农业是兵团的经济支柱，以农产品为原料的加工业产值占工业总产值的80%。农业的丰歉直接关系着整个垦区经济的发展和人们的生活水平。20 世纪90 年代以来，干旱、风沙、盐碱成为农业可持续发展的最大障碍。由于径流时间上的分配不均，常形成春秋缺水，使得作物在生长的关键期，由于缺水造成作物受旱而大面积减产。在河流来水保证率 75% 的中水偏枯年份，由于汛期推迟，有效灌溉面积占实际灌溉面积的 80%，保证灌溉面积占实际灌溉面积的 72%，于是就有 28% 的灌溉面积作物遭受干旱危害。

因此，解决水资源紧缺，是带有战略意义的重大课题。1995 年确立了"节水、扩灌、增产、增效、改善环境"的高效节水灌溉建设方针，也就是按照节水的要求，建设农业、发展农业。

二、传统灌溉模式是造成土壤盐碱化的主要根源

风沙侵袭和田间以有渗漏的传统沟畦漫、串灌为主及输配水渠道化、径流缺少水库调节的灌溉系统是干旱地区绿洲农业生态恶化的根源。干旱地区必须常年灌溉，渗漏使灌区地下水位日益升高，恶化了耕作层的水文地质环境；含盐的浅层地下水成了耕作层次生盐渍化的盐分供给源，不断在耕作层积累，使得次生盐渍化为主因的中低产田日渐扩大，土壤有机质和肥力不断降低，净产出少。所以，在生态恶化基础上的农业综合（经济、环境、社会）效益低。这是一种低效的、生态恶化的农业。因此，发展田间以膜下滴灌为主、输配水管道化、径流水库化的无渗漏节水灌溉系统；压盐排碱、种树种草、屏障风沙、草田轮作，使灌区地下水位逐渐下降，防止以次生盐渍化为主因的中低产田退化；不断提高土壤有机质和肥力，在生态良化基础上提高农业综合（经济、环境、社会）效益。这是一种高效节水绿洲生态（良化）农业。干旱地区用无渗漏高效节水灌溉系统代替有渗漏低效灌溉系统是一项革命性措施，是新疆干旱地区大开发战略的切入点。

三、水资源利用率低，浪费严重

兵团有效灌溉面积保持在 17 万公顷左右，灌溉定额在 12000 立方米左右，灌溉渠系（引水、干、支、斗农）利用系数为 0.6，田间有效利用系数（沟畦灌为主，漫灌次之）按以色列的计算方法（根毛吸水量/田间灌水量）为 0.5。由此可得，灌溉水的利用系数为 0.3（0.6×0.5）。如果从水库引水 500 立方米，大体上引水渠（引水口到水库出口）、干渠（水库出口到团场口）、支渠（团场口到斗口）、斗农渠（斗口到毛渠进口）、毛渠（毛渠进口到毛渠出口）、田间各渗漏损失水量 50 立方米，田间植物棵间蒸发 50 立方米，进入根毛有效水量只有 150 立方米。

四、化肥、农药、地膜的污染

化肥污染：据专家估计，粮食的增产约有 40% 依赖于化肥，但随着科学技

术的进步，人们对化肥的认识也随之加深。化肥的施用导致土壤物理性质的改变，使肥力下降，并污染和影响农产品的质量。例如，氮肥在土壤中形成的硝酸盐被植物吸收后进入人体，可以生成致癌物质亚硝胺。化肥被农作物吸收的量很少，大部分随雨渗漏进入河流、湖泊、水库，造成水体的富营养化。又如，磷肥的杂质中含少量的砷、镉等重金属，长期使用会引起土壤重金属污染，大量使用氮肥，造成了氮、磷、钾比例失调，使得土地变坏、板结、地力贫瘠，作物果实品质下降。

农药污染：农药主要的副作用表现在：①利用率低，一般仅为10%，高的也不过30%，大量农药流失到土壤和水源中，污染环境。②残留在水、土壤中的农药污染农畜产品，并通过食物链的富集作用转移到人体，对人体健康造成危害。③对农药管理不善、操作失误容易引发中毒事故。④高毒农药的施用杀死害虫和其他益虫，使害虫产生抗药性，迫使农民加大用药量和次数，日益加重对环境的污染。

地膜污染：地膜栽培是一项新技术，在新疆已大规模使用，而地膜使用后，大多废弃在土壤中。这些废膜不溶解、不腐烂，阻碍水分的输送和植物根系的伸长，可使作物平均减产15%。垦区自1982年开始推广使用塑料地膜植棉，迄今，棉花比例达到80%～90%，其他经济作物也达到一半以上。自推广使用以来，其间没有光解塑料地膜和生物降解膜取代。使用塑料地膜的面积近12万公顷，使用塑料地膜2万吨以上。但是，塑料地膜的回收率没有超过80%，春耕春播时，随处可见耕好的土地上一片白色。据调查，土壤覆膜1年，每公顷耕层平均残膜量为18.39千克；土壤覆膜2年，每公顷耕层平均残膜量为33.56千克；土壤覆膜3～5年，每公顷耕层平均残膜量为102.45千克；连续种植8年以上，每公顷将达507千克。由残膜引发的烂种率高达6.29%，烂芽率达5.9%；并引起棉花现蕾期推迟3～5天，株高降低6.7～12.9厘米。大量的残膜使土壤结构遭到破坏，造成土壤有机质含量急剧下降。石河子垦区60%以上耕地土壤有机质含量从垦区建农场初期的3%～5%下降到现在的1%以下。"白色污染"成了真正的生态灾难，严重影响了土地的透气性，影响到土壤养分的质流和扩散，使作物根系对水分和养分难以吸收和利用。据测算，种10年棉花的土地出苗率下降5%～6%，导致作物产量徘徊不前。

在这些综合因素的作用下，土壤生态环境恶性循环。改革开放以来，虽然在传统灌溉基础上进行了少量节水工程，但远不能满足需要，以土壤生态恶性循环为特征的农业生态恶化趋势，至今没有改变，次生盐渍化面积已达全部耕地面积的53%，中低产田占70%。1995年，石河子垦区新一届党委认识到，二次创业再造辉煌必须增加经济总量，增加经济总量必须增加资源总量，垦区唯一的优势资源就是光、热、气、土、沙，而水是瓶颈，所以，决定坚持不懈地进行节水生态农业改造，从根本上扭转农业生态恶化趋势。从 1997 年到 2012 年，共投入 1000 多万元进行节水生态农业示范点的建设。取得了突破性进展，实现了预期的试验研究技术路线：滴灌（最节水）—膜下滴灌（压盐）—膜下滴灌为主的高效节水生态农业工程系统—节水生态农业持续发展。这一技术路线能够彻底遏制以传统灌溉技术为主的低效灌溉农业生态恶化的趋势。

第五节　兵团节水生态农业示范区建设的主要生态工程

一、小流域水利工程

小流域水利工程包括地面径流水库工程、输水管道网工程（水库到斗口的干渠、支渠全部管道化）、田间水利工程，包括井、泵站，配水灌溉管网（干管、支管、软管及其终端滴灌带、控制器）。灌溉井 1600 口，单井流量平均 80 立方米/小时，平均每口井灌溉 500 亩左右。膜下滴灌体系网的建设。水利设施中的引水枢纽、水库、输水渠系、地下水提水工程等配套较为健全，基本上构成了引、蓄、输、配比较完整的灌溉体系网。几年来，通过深化改革，加强管理，采取工程措施和非工程措施相结合的方法，因地制宜地发展多种形式的节水灌溉技术，在灌区全面实行"计划用水、节约用水，限额供水、均衡供水"的用水管理办法，并积极修建防渗渠；井灌区大搞机井测试和泵站节能节水技术改造，普遍提高装置效率，与此同时，大面积发展了以渠道防渗和高效节水为主的节水灌溉技术——山区丘陵区推广自压喷灌技术。平原区大力推广膜下滴灌技术和自压微孔灌技术。不但在输配水环节上采取节水措施，而且在水资源配置和田间灌溉管理上也下了功夫。各灌区普遍采用了优化配水、合理调度的运行方案，并结合微机进行水资源统一调配，统一管理。水到田间，借助已取得的农作物需水量，灌溉制度等成果，并与一些先进的农技措施如选育耐旱品种、平整土地、深松耕、地膜覆盖等相结合，一方面推行高效节能的节水灌溉制度，另一方面最大限度地提高土壤的保蓄水能力。

二、高效节水生态特色农业工程

兵团这几年利用节余下来的水资源进行特色农业的开发，在膜下滴灌条件下种植加工番茄、葡萄、线椒，其经济效益是显著的。与常规灌溉相比，加工番茄和线椒的亩纯收入分别提高 298.50 元和 773.90 元，分别增长 548.41% 和 130.97%，葡萄年均纯收入可达 1285.96 元。

三、农田生态工程

（一）减少土壤污染，提高农业生产资料利用率

由于新疆经济发展的需求，化肥及农药还不能完全摒弃。示范农田生态工程主要是减少农药、化肥对土壤的污染，以不超过土壤生态阈值为限。采用膜下滴灌技术，将其灌溉和施肥、农药及其他微量元素配置成混合溶液通过封闭管网和灌水器将水、肥、农药直接输送到作物根部附近的土壤中，而且是水、肥同步，不会产生任何土、肥流失。水、肥、农药随滴灌水与植株对应释放，并可根据不同作物在不同生态环节对养分的不同需要而灵活调控，作物通过扩散、离子交换等形式直接快速地吸收，避免了沟灌开沟追肥因挥发、深层渗漏造成的肥料损失和农药大面积污染土壤。从而提高水、肥、农药的利用率。同时，当地面坡度为6.5% 时，沟灌土壤中速效氮含量灌后比灌前减少 24.4×10^{-6} 千克。而在常规灌溉种植棉花条件下，每公顷需投入化肥 900 千克，油渣 750 千克，肥料利用率为30% ~ 40%。膜下滴灌每公顷化肥投入仅为 420 千克，比常规灌节省 53.3%，化肥利用率达到 70%，提高了 30% ~ 40%，使肥产比由 1∶4.2 提高到 1∶12.5，肥产比提高了 3 倍。

（二）防止水土流失

据兵团农垦科学院测定，在沟灌情况下，其地面坡度为 8% 的中壤土上，灌水沟长度为 100 米时，沟尾流出的每升水中的泥沙含量为 12.4 克，灌水沟上游冲深可达 8 ~ 15 厘米，冲宽 15 ~ 30 厘米，不仅增大了输水断面，也破坏了土壤团粒结构，影响了作物根系的正常生长。膜下滴灌则防止了水土流失。

（三）改良盐碱地

膜下滴灌可使棉花根系周围形成盐分淡化区，在湿润峰外围及膜间形成盐分积累区，有利于幼苗成活和生长。垦区 121 团场家庭农场采用常规灌溉种植棉花，在土壤含盐总量为 0.8% ~ 2.5% 的情况下，几乎无法种植或种植后产量很低，采用膜下滴灌后打破了这一"禁区"，而且单产很可观。1999 年在含盐量为2.5% 的荒地（1997 年喷灌没苗）上种植 13.3 公顷（200 亩）棉花，采用滴灌技术，单产皮棉 1050 千克/公顷（70 丅克/亩）。

四、盐碱地的生物改良

（一）植树造林

盐碱地植树造林除了通常造林所起的作用外，还能起到生物排水、降低地下

水位、改变农田小气候、控制返盐、促进脱盐等作用。新疆气候干旱，风沙多，盐碱危害普遍，植树造林尤为重要，是改良盐碱土的一项重要措施。

（二）种植苜蓿

广种苜蓿，逐步实现草田轮作，是降低地下水位、改良盐碱土、建立饲料基地、实行农牧结合、巩固和提高土壤肥力、增加农作物产量、搞好多种经营的重要途径。121 团场在重盐碱地上，按照"水稻（1～2 年）→小麦＋苜蓿→苜蓿→苜蓿→棉花或玉米（2 年）"的轮作方案种植后，盐碱地面积由原来的 19%下降到 5%，棉花增产 43%～155.7%，小麦增产 34%～136%。

（三）种碱茅草

碱茅草抗逆性强，具有很强的耐盐性，适应性广。在自然条件下，它喜欢地下水位高的低平洼地或季节性临时积水的环境，生长期 110～130 天。碱茅草茎叶柔软，适应性好，牛、羊、马、驴、兔、鹅和鱼均喜食，是改良盐碱土的先锋植物。

碱茅草地改种小麦、棉花后，增产效果显著。121 团场原有一弃耕地，因土壤盐分过重，农作物不能生长，2000 年 9 月开垦种植碱茅草后，2002 年春改种棉花，获亩产 72.13 千克的产量。

五、林、果业生态工程

若用节余的水种树，营造荒漠绿洲防护林体系，其直接经济效益和间接经济效益也是很可观的。直接经济效益是指提供木材所获得的效益。据测定，10 年生树木平均胸径 20 厘米，保存率按 85%计，每棵树按 50 元计，即一条 1000 米长的以杨树为主的中心渠道林带，其产值可达 42500 元，平均每年产值可达 4250元，其经济效益十分可观；速生丰产林 3 米×2 米的行株距，每公顷栽 1650 棵，保存率为 90%，10 年采伐，每公顷产树 1500 棵，每棵出材按 0.2 立方米计算，每公顷出材 300 立方米；平均每公顷每年出木材 30 立方米，按每立方米 300 元计，每年每公顷产值可达 9000 元。此外，防护林的间接经济效益也是十分可观的。防护林的间接经济效益是指防护林改善了生态环境，创造了良好的农田小气候，有利于农作物的生长发育和免遭自然灾害而达到增产所获得的效益。棉花是兵团种植面积最大、经济效益最好的喜温作物，但经常遭受春季晚霜和秋季早霜的危害。防护林能减缓夜间温度的降低，可减轻或防止霜冻的危害。同时，防护林使大风次数减少，风沙对农作物的危害减轻。因此，通过农田防护林体系建设，可提高农作物的单产水平。实践证明，林木覆被率高低与作物单产水平呈正相关。如 121 团滴灌面积已达 0.93 万公顷（14 万亩），每年可节水 2902.2 万立方米。在保障原有种植面积正常灌溉的同时，节约下来的水又为"三北"防护林、农田防护林、公路绿色通道等公益生态建设提供了水源，保障了绿色走廊的建设。近两年来，该团场建设生态防护林 186.67 立方米（2800 亩），三滩造林 126.67 立方米（1900 亩），植树成活率达 95% 以上。垦区 121 团王智的家庭农场，由于采用了先进的滴灌技术，便利用节余的水种植 1.33 公顷葡萄、30 万株树苗和防护林带。2001 年 4 月迁插的葡萄苗，2002 年已开始结果，每枝产量达 6 千克左右，而在一般灌溉方式下，葡萄嫁接后要到两年后才进入盛果期（丰产期）。王智农场的实际情况表明，由于采用了新的节水技术，不但使葡萄提前一年进入盛果期，而且还由于随水施肥、施药减少了病虫害，减少了雇工投入等，经济效益极为显著。土地是财富之母，但是，对于干旱地区来讲，水是财富之母，有水才有财。

136 团场地处沙漠前沿，从水源引水到团场耕地，远达 120 千米之遥，沿途渠道蒸发损失很大，该团是全垦区干旱灾害最为严重的团场，故发展牧业种草种树无法实现。然而该团场启动了"万亩滴灌高效节水示范区"后，不仅带动全团滴灌面积达到 0.28 万公顷（4.2 万亩），占全团棉花种植面积的 52%，还进一步加快了全团生态建设的前进步伐。2001 年该团投资 600 万元，在沙漠前沿营造两条 24 千米长的防风固沙基干林，又安装了 28 千米长的滴灌管道深入沙漠地带，使荒漠植被的面积达到 3.27 万公顷（49 万亩），成为全新疆最大的荒漠植被保护区，2016 年又利用节余的水种植芨芨草、苜蓿、葡萄及果树共 400 公顷（6000 亩），为生态重建打下了基础。

六、草业生态工程

单一的大农业结构给兵团经济带来了潜在危机，在滴灌获得成效的基础上，果断、科学地做出"抓住机遇，以畜牧业为突破口，进行大农业结构的合理调整"的决策，提出了畜牧业"双百工程"（存栏牲畜 100 万头，人工饲草基地 100 万亩）建设目标。

据石河子大学动物科学系的研究分析，苜蓿单产（干物质）可达 12000～18000 千克/公顷，芨芨草单产（干物质）可达 15000～18000 千克/公顷，其中茎秆 9000～10005 千克/公顷，叶片 6000～7200 千克/公顷；据计算，示范区每公顷土地取得产值 762～1170 元。在绿洲农业与荒漠之间的过渡地带建立起 600 公顷苜蓿、芨芨草规模种植的荒漠高效生态草业建设示范区，每年可产优质苜蓿草粉（蛋白含量 16%～18%）160 万～240 万千克，优质苜蓿干草 80 万～120 万千克，生产优质芨芨草茎秆造纸原料 360 万～400 万千克，芨芨草叶片制作牛羊颗粒饲料 240 万～270 万千克。可直接获得产值 617.2 万～968.0 万元，获间接产值 70.2 万～86.4 万元，两者之和可达 687.4 万～1054.4 万元，示范区每公顷土地就能获得产值762~117元。142团的结构调整在广度上铺开，产生了极好的调整效应，为生态建设打开了渠道。

石河子现有草场5.13万公顷，人均耕地0.4公顷（6亩），为全国人均耕地的4倍。50%的草场因超载、乱垦滥挖而逐渐裸露退化。现已开始着手改良和保持草场，草业发展也有了一席之地，全师2012年种植苜蓿0.45公顷，青贮玉米0.11万公顷，饲用玉米0.99公顷，其他牧草0.03万公顷。示范区将节约的水用于种植牧草533.33公顷（8000亩），退耕还林346.67公顷（5200亩），生态防护林166.67公顷，庄园林146.67公顷，在棉花面积高达近80%的情况下进行了农业结构调整，既为畜牧业发展奠定了扎实的基础，又改善了生态环境，这在往年由于受水制约的条件下，要发展草、林业是绝对不可能的。

七、畜牧生态工程

兵团畜牧业发展相对滞后，畜牧业总产值只占农业总产值的11.4%，低于全国的30%和全区的23.5%，仅为种植业的1/8。发达国家实践证明，一个高效的农业产业体系，在产值构成上，畜牧业产值应大于种植业产值，农产品加工产值应大于种植业产值和畜牧业产值的总和。因此，把发展畜牧业作为农业结构战略性调整的主攻方向，把种植业围绕畜牧业的发展需要来安排，以较快的速度和较高的质量加快种草养畜发展畜牧业。以往畜牧业发展慢的原因之一是，没有建立起稳固的饲草料基地，归根结底是作物与草料争水问题长期得不到解决，但在发展膜下滴灌技术后，可利用节约近50%的水，用于发展粮作—经作—饲草的三元结构，为发展畜牧业打下坚实的基础，为农业结构的调整走出可喜的一步。

150团场近年采用膜下滴灌技术大面积种植作物，从而缓解了长期水资源短缺、草业与种植业争水的矛盾，也为发展畜牧业提供了难得的机遇，该团场从长期实践中深深地体会到，有水就有草，有草就有畜牧业，该团场2016年实施以畜牧业为突破口的农业结构调整，其首先启动了万只羔羊育肥基地；其次建设了500头澳大利亚优质奶牛基地；最后利用节余水种植了333.33公顷（5000亩）苜蓿、0.07万公顷（1万亩）苜苜草和133.33公顷（2000亩）青贮玉米，为畜牧业发展提供了优质饲料。该团目前已引进加拿大良种奶牛200头用于发展奶业。

八、节水生态型家庭农场示范工程

此工程建设思路是充分利用农户所经营的各种资源，以家庭为主体进行资源组装生产，使之生态、生产、生活环境得到改善。新疆石河子垦区121团是垦区发展滴灌时间最早、现有滴灌规模最大的团场，该团场在滴灌种植棉花的前提下，已建成节水生态型家庭小农场 71 个、家庭小牧场 255 个和家庭小林场 30 个，"三小场"的面积占全团总面积的 10% 以上，"三小场"已成为团场自营经济的旗舰，2016 年该团场王氏家庭农场滴灌面积 133.33 公顷（2000 亩），棉花大丰收，经估算，2016 年纯收入至少在 50 万元左右。121 团场从滴灌设备安装、使用到灌水、施肥次数、数量的技术指导，从"一膜两管四行"改进为"一膜一管四行"的技术创新，使滴灌投资从每公顷 5535 元（369 元/亩）降到 4050 元（270 元/亩）左右，膜下滴灌技术与机械化栽培技术相结合，实现了一台拖拉机铺滴灌带、铺膜、打洞、点播覆土一次性完成，具有节肥、省工、省力、省机耕费、增产等优点，首先得到了家庭小农场的青睐。家庭农场在团场的指导下，自主对其生产过程进行统筹安排，自主管理，自主选购生产资料和聘用劳务工。过去一个家庭农场，一口井只能种植棉花 18 公顷（270 亩）左右，作物还受旱，每公顷籽棉不超过 3450 千克（230 千克/亩）。安装节水滴灌设施后，单井种植棉花面积扩大到 40 公顷（600 亩），每公顷籽棉产量可提高到 4500 千克（300 千克/亩），年收入 60 万元左右，纯收入 20 多万元。2000 年前安装滴灌的小农场全部还清滴灌投资款，还提高了家庭小农场"两费自理"的比重。142 团创办了 200 个家庭小农场，一次性投资 3900 万元，在 0.71 万公顷耕地上实施节水生态农业的开发与建设。实行规模经营，使土地向种田能手和少数有技术、管理能力强的人集中。根据石河子垦区节水生态农业户建设的 5 条参考标准，全垦区建成节水生态农业户 697 户，占总农户的 31.6%；覆盖农耕地 2.4 万公顷，占农耕地面积的 32.1%，节水生态农业户总收入 7219 万元，人均纯收入 2396 元，比全垦区农业人均纯收入 2195 元增长 9.15%。

从 1996 年建设节水生态农业以来，节水生态农业工程建设总投资 3.36 亿元。建成家家拥有"一片林、一块地、一口井、一套房、一群畜"的庄园式家庭农场。

通过实施 8 大工程，截至 2012 年，森林覆盖率将达到 17.09%，荒漠化治理面积达 10 万公顷，草地"三化"基本得到遏制，城市空气质量在大多数情况下达到国家二级标准。

第六节　节水生态农业发展成就

由于兵团独特的地理、水资源和农业特性，使兵团在节水农业技术的引进、吸收、推广和创新等方面取得了较大的发展。特别是新疆生产建设兵团石河子地区研究提出的棉花膜下滴灌技术，已在新疆推广了 30 万公顷以上，产生了巨大的节水效益和经济效益，创造了农田面积大规模应用节水技术的世界第一。有关专家对兵团节水农业的膜下滴灌成果进行总结，将其概括为三大"世界之最"：一是建立了世界上规模最大、最先进的节水设备生产企业，实现了所有成型设备和工艺技术的国产化；二是创造了高效节水器材世界最低价格，降低了膜下滴灌技术推广应用的投资成本；三是采用大田膜下滴灌节水模式，创造了农田大面积应用滴灌技术的世界第一。现在看来，经过种植面积的扩大、技术创新的深化和农户亲身的实践，石河子的确在戈壁滩上创造了世界奇迹。

兵团发展节水农业由于水资源紧缺，同时也是建设现代农业本身的需要，是与农业现代化配套的多种措施中的重要组成部分。水土资源的高效利用，经济、生态、社会效益的紧密结合是兵团发展可持续农业所追求的一个目标，而根据水资源状况和作物需水规律所实施的节水灌溉，是达到这一目标的重要一环。为此兵团需要打破传统的农业用水观念，建立起适应现代社会和现代农业发展需求的农业供水体制。从这个意义上说，节水农业就是现代农业，节水灌溉就是科学灌溉。因此，兵团推行节水农业既是解决供水危机的首要途径，又是促进农业可持续发展的关键步骤。

节水农业的规模和特点决定了它对实施区域产生全方位的影响，这种影响涉及内容多、范围广，是一个动态变化的过程。节水农业综合效益是指节水农业实施过程中所产生的直接影响和间接影响的总称。根据效果形态和特征的不同，可将节水农业综合效益分为节水农业经济效益、生态效益、社会效益。从经济角度看，节水农业是一种资金和劳动投入的过程，是典型的经济行为。节水农业经济效益指投资主体进行资金、劳动、技术等节水农业投入所获得的经济收益，它是衡量节水农业投资收益、考察节水农业在微观上的盈利能力、评价节水农业经济合理性的重要指标。节水农业生态效益指节水农业实施过程中对水资源、土壤、植被、大气、生物等环境要素及其生态过程产生诸多直接或间接的积极影响。节水农业社会效益指节水农业技术实施后对社会环境系统的影响及其产生的宏观经济效益，即在获得经济效益、环境效益的基础上，从社会角度出发，节水农业为实现社会发展目标所做出的贡献和产生影响的程度，其本质是在确保现有水资源满足农业基本生产需求的基础上，将节约的水资源向工业生产、居民生活、城市生态环境转移所产生的效益。节水农业具有效益的统一性，追求经济效益是节水农业的中心内容，也是节水农业生命力所在。生态环境是制约节水农业实施的主导因素，追求生态效益是节水农业的基础和前提。节水农业具有较强的公益性，其社会效益是实施节水农业的目标所在。因此，节水农业应追求经济、环境和社会效益的统一，做到经济上有效、生态（环境）上平衡、社会上可行和可接受。

一、经济效益

节水农业对农业的贡献，表现为节水农业实施后增加了灌溉面积，提高了灌溉保证率，提高了农作物产量，从而增加农户收入，促进农村经济发展。实施节水农业，能够按作物不同生长阶段的需水要求适时、适量供水，提高灌溉的均匀度；在总水量及灌溉面积相同的情况下，缩短了灌溉周期，提高了水资源利用率；在保障原有灌溉田块用水需求的前提下，改善处于渠道末端而灌溉困难的田块或荒废田块的灌溉条件，有效扩大了灌溉面积。

新节水技术的采用，使水资源严重短缺的状态得到了相对缓解，使农业产业结构有了调整的空间和基础，使水资源的约束不再绝对地制约着结构的变动。它还促进了农业种植结构由耗水量大的单一粮食作物向节水高效型产业调整，如葡萄、蔬菜、枸杞等优势特色产业快速发展。2012年兵团完成农业总产值802.09亿元，比上年增长19.92%。有效灌溉面积106.73万公顷，高效节水灌溉面积68.22万公顷，其中当年新增2.92万公顷。

农业生产是兵团的主要经济活动，是兵团经济运行和增长的主要动力之一。考虑到干旱区绿洲资源限制因素尤为突出，因此经济效益主要指以节水效益为代表的资源节约效益和以高产为代表的生产效益。生产效益是指农业生产具体情况，主要的衡量标准是投入和产出方面的指标。由于采取农业节水措施，根据作物需水量适时适量供水，灌水均匀度提高，灌溉周期缩短，灌溉保证率提高，这一般会增加农产品产量，提高产品品质，投入与产出方面的比例也会有影响。各项节水措施产生的经济效益可从节水带来的取水减少、能源的减少、农业产值的变化、单位耗水收益的变化等几方面反映。节水灌溉比常规沟畦灌溉亩利润高出近2倍。同时，劳动生产率大大提高，户均纯收入比常规灌溉提高72.6%，滴灌投资利润率为77.27%。

（一）提高农业水资源利用率，减少农业用水量

在农业灌溉中实施节水农业技术，可以减少水分的深层渗漏和无效蒸发损失，达到提高水资源利用率、减少农业用水量、节约灌溉用水的目的。不同的节水农业技术在不同的环节发挥各自的作用。例如，在输配水环节中，采用渠道防渗技术最直接的目的是减少水分渗漏损失，与土渠相比，土料类防渗渠道可减少水分渗漏损失40%～50%，水泥类与石料类防渗渠道可减少水分渗漏损失50%～60%，埋铺式膜料类防渗渠道可减少水分渗漏损失70%～80%，混凝土类防渗渠道可减少水分渗漏损失60%～70%。在输配水和灌水环节中应用低压管道输水技术，输水利用率可达95%，比土渠减少输水损失90%以上，比渠道灌溉省水30%～40%。在灌水环节中应用田间灌水改进技术，其中采用喷灌技术的灌

溉水利用率达 80% 以上，比地面灌溉省水 30%～50%；而采用微灌技术的灌溉水利用率达 85%～90%，比地面灌溉省水 33%～50%。在农作物对水分的吸收利用环节中采用水稻节水灌溉技术与农艺节水技术，能减少水分无效蒸发，达到用最少的水生产最高产量的优质农产品的目的。

兵团节水农业采用膜下滴灌技术，水利用系数由传统灌溉方式的 0.3 提高到 0.6，亩灌溉定额由 800 立方米降低到 400 立方米。同时，较常规沟畦灌溉缩短灌水周期 5～10 天。由于节水技术的采用，比常规灌溉节水 50%。综合灌溉技术的发挥，单产提高幅度较大，水产比达到 1：1.75，常规沟畦灌溉水产比为 1：0.625，膜下滴灌水产比比常规沟畦灌溉高 1.8 倍。以小麦为例，水的生产效率为 1.97 千克/立方米，而常规小麦灌溉水的生产效率仅为 0.76 千克/立方米。

例如，133 团场在大力推广节水滴灌技术以前，棉花亩产量为 250 千克左右，每亩用水定额为 536 立方米，微灌面积大幅增加，占全团耕地面积的一半，当年就收到显著效果，采用膜下滴灌棉花亩产量为 300～350 千克，从资料中显示，常规灌溉定额为 536 立方米/公顷，滴灌灌溉定额为 428 立方米/公顷；膜下滴灌与常规灌溉定额减少 108 立方米/公顷，平均节水率为 20.15%。团场采用节水技术的一个突出优点是可适时适量灌水。如花龄期后，棉花仍需少量水分、养分补充，因地面灌难以控制水量，8 月中旬后被迫停水以免棉花旺长，影响吐絮和成熟，而滴灌就可以控制灌水量大小、灌水时间和灌水次数，小水量灌溉，以满足后期棉花对水分、养分的需求。

（二）提高土地利用率和肥效

实施节水农业可节约渠道占地，有效提高土地利用率。如渠道衬砌防渗技术中，采用较陡的矩形和 U 形防渗渠道为沟坡，与土渠相比，该渠道断面缩小，渠道口宽变窄，支渠与干渠渠身横向占地宽度一般比衬砌前减少 1～2 米，可省地 0.2%。低压管道输水技术中，管道均埋于地下，与渠道输水相比，可节约土地 7%～13%。田间灌水改进技术中，采用压力管道输水，可减少农田中渠道、田埂的占地，提高土地利用率达 10%～20%。兵团膜下滴灌系统均采用管道输水，田间不需修斗、农、毛渠及埝子，土地利用率提高 5%～7%，仅这一项可亩增产 25 千克籽棉。家庭农场在常规灌溉条件下，每亩需投入化肥 60 千克，肥料利用率为 30%～40%。采用膜下滴灌技术，化肥在水井处稀释后随滴灌水直接进入农作物根系范围，节省化肥 53.3%，化肥利用率达到 70%，提高了 30～40 个百分点；肥产比由 1：4.2 提高到 1：12.5，肥产比提高了 2 倍。

（三）减轻劳动强度，减少管理与运行费用

实施节水农业能减轻农民劳动强度，减少管理与运行费用。如采用渠道防渗技术，可有效防止渠道冲刷、淤积和坍塌，增强渠道稳定性，减轻渠道整坡、修理和清淤的强度，减少渠闸配套管理人员和维修清理人员，从而降低渠道运行管理维护成本（比土渠管理维护成本减少70%）。低压管道输水的运行费用少，适应性强，受气候、地形、作物分区、灌水时间等因素干扰少，管理方便，且管道埋于地下，不易被破坏，技术也易于被农民掌握与使用。采用膜下滴灌技术，对土地平整程度要求不高，无须开沟、筑畦，在一定程度上降低了灌水劳动强度，与地面灌溉相比，可节省劳动力50%左右。

（四）减少机械作业量，抑制杂草再生，保护农作物

由于种植技术模式转变，实施膜下滴灌种植后，减少了开沟修毛渠、中耕、机械化打药等机耕作业的环节和次数，农机作业量节省30%（按5个标准亩、6次作业计）。同时，机械伤苗少，可达到满块满苗。2012年，全年精少量播种面积60.77万公顷，机械秸秆回田面积70.92万公顷，机械化肥深施面积82.00万公顷，分别为上年的98.33%、105.08%、106.07%。机械采收棉花面积17.2万公顷，保护性耕作面积2.86万公顷，分别为上年的148.28%、344.58%、440.96%。飞机作业面积23.36万公顷、24.27万公顷，分别为上年的99.56%和96.25%。滴灌是将井水通过管道传输到田间，与沟灌相比，杜绝了地外渠道杂草传播的来源，同时，因地膜覆盖和地表相对干松，可有效抑制杂草滋生，降低劳动力投入。

（五）增加管理定额，提高劳动生产率，提高农户收入

由于采用膜下滴灌新技术，降低了劳动强度，提高了劳动管理定额，扩大了经营规模，降低了产品成本，使职工收入和家庭农场的总收入水平明显提高。由于节水生态农业模式改变了劳动田管制度，减少了放苗、覆土、锄草、打埝、修毛渠等作业，既减轻了农工的劳动强度，又为充分解放劳动力提供了技术条件，相应地提高了劳动效率和管理定额。传统方式种植棉花，每个劳动力只能管理1.67/公顷（25亩），而节水生态农业模式种植棉花，每个劳动力可管理5.33～8.00公顷（80～120亩），提高3～4倍。通过滴灌技术的实施，每公顷可节省劳动日75～90天，节省劳务50%左右（不含拾花）。与此同时，单井的规模效益也大大提高，常规灌溉每口井（流量为80立方米/小时）只能承担20～26.67公顷（300～400亩）的棉花用水，生产籽棉4.5万千克，而膜下滴灌同一口井可满足46.67～53.33公顷（700～800亩）的棉花用水，生产籽棉24.5万千克，每口井的规模效益提高4倍多。因此，棉花膜下滴灌技术有利于发挥规模经营效益，有效缓解国营农场普遍存在的地多人少的矛盾，使职工增收，企业增效。例如，王新合家庭农场实施膜下滴灌植棉技术后，承包面积由上年的43.3公顷（650亩）增加到63.3公顷（950亩），单产籽棉由上年的4185千克/公顷（279千克/亩）提高到5055千克/公顷（337千克/亩），每公顷效益由上年的5616元

（374 元/亩）提高到 7512 元（500 元/亩），年总收入 47.6 万元，比上年增加 33.3 万元。张合全家庭农场实施滴灌植棉技术后，承包面积由上年的 18 公顷（270 亩）增加到 36 公顷（540 亩），每公顷籽棉产量由 3090 千克（206 千克/亩）提高到 4269 千克（285 千克/亩），每公顷效益由上年的 2520 元（168 元/亩）提高到 5427 元（362 元/亩），年总收入 19.5 万元，比上年增加 15 万元。

二、生态效益

生态效益是指生物种群能量、物质转化效率及维持生态环境稳定的能力，主要反映在生态质量、环境质量的变动上。农业节水技术的实施，从一定程度上，改善水体质量和农田小气候，防止土壤侵蚀及盐碱化。农业节水技术的实施，大大提高了农业用水效率，减少了农田灌溉用水量，节约的水可用于生态需水方面。同时，合理的节水技术体系可以通过合理的农作制度、节水措施和农艺技术，有效地减少水资源浪费，涵养水源，防止水土流失，保护生态环境。并且，节约的水资源可以进行中低产田改造，实行退耕还林、还草，用于区域生态环境建设，有效地促进地区生态环境改善。

膜下滴灌技术的推广应用，在改善兵团农业生态条件方面取得了良好的效益。一是降低了对土壤化学投入品的数量，降低了对土壤的污染；二是通过膜下滴灌技术的推广，节水 50% 左右，节省的水可以用来种树种草，发展林、草牧业，形成复合型农业生态系统，为农业生产和生态建设的良性互动发展提供了保障，大大缓解了水土不平衡的矛盾。

（一）对气候环境的影响

节水农业对气候环境会产生一定的影响，大面积的节水灌溉将造成局部地区空气温度、湿度、水分蒸发量发生改变，小范围的节水灌溉则对农田小气候产生影响。例如，输水过程中水分的渗漏损失及农艺节水技术的实施，导致田块棵间水分蒸发和植株水分蒸腾减少，区域实际陆面水分蒸发量相应减少，从而导致了区域雾日的减少和空气相对湿度的减小。采用其他节水农业技术，如喷灌灌水技术，可增加近地表层的空气湿度，降低地面温度。采用膜下滴灌技术，农作物株间昼夜温差可增加 1～3℃，株间空气湿度减小 1%～5%。

（二）对区域水文循环的影响

节水农业改变了农田水文循环变化规律，采用不同的节水农业技术对水文循环的过程有着不同程度的影响，例如，渠道防渗、低压管道输水改变了水循环的结构和转化量，影响了区域地下水的补排关系，使地下水、土壤水和地表水的转化强度减弱，地下水水位下降，不重复的地下水资源量显著增加。采用农艺节水技术，通过充分利用土壤水，改变了降雨产流、降雨入渗和地下水补给条件。而采用膜下滴灌技术，在增温保墒的同时，由于地膜对雨水的阻隔作用，使得降雨入渗减少，一方面不利于充分利用雨水，另一方面也加大了地表径流。大面积的地膜覆盖将影响地区的水循环条件，改变原来的水文特性，甚至使水资源状况发生变化。这些影响通过改变原有水循环过程和降雨产流过程，形成新的水资源循环系统，对区域内的农业生产条件和生态环境产生影响。

（三）对地表水环境的影响

节水农业对地表水环境的影响包括对水量的影响和对水质的影响两部分。对水量的影响主要表现为水文循环过程中地表径流的变化，对水质的影响主要表现为灌溉回归水的排出所产生的影响。采用不同节水农业技术对地表水水质的影响表现不同，如采用渠道防渗技术可增强径流拦蓄能力，增加蓄水量，对污染物起到稀释作用，同时水体的增加为水体中污染物的氧化、分解、吸附、沉淀和吸收提供了很好的平台，从而进一步改善了水质。采用喷灌技术，可直接把水和肥料送到植物根部，避免水分和肥料在土壤中残留，减轻了地表水的恶化程度。采用膜下滴灌技术，可减少农田的排水量，降低农田肥料流失对水体的污染（研究表明，减少田间水的排出是降低农田氮、磷流失的关键）。

（四）对地下水环境的影响

节水农业对地下水环境的影响体现在节水农业实施后地下水水位与地下水水质的变化。对地下水水位的影响表现为，在渠灌区，由于减少渗漏量，相应减小了地下水水位的上升幅度；在井灌区，随着地下水开采量的减少，地下水水位得到控制，但同时由于渗漏量的减少，地下水补给减少，可能会产生负面影响。王贵玲（2009）对渠灌区节水农业进行研究发现，若保持现有地下水开采规模不变，10年后研究区地下水水位减缓下降10米，即地下水水位少下降了10米，从而证明节水农业在一定程度上能缓解地下水水位的下降。节水农业对地下水水质的影响表现为由于节水农业技术的实施，减少了化肥、农药的施用及排放，从而减少了污染地下水水质的受污染水体下渗量。如采用膜下滴灌技术系统将节水技术与农艺技术有机地结合起来，使灌水、施肥、用药同步进行，既节约了这些要素的投入，又提高了要素的利用效率，从而减少了化肥和农药在土壤中的残留量，对改良土壤和减少对土壤的负面影响具有很大作用。

（五）改善土壤环境

节水农业对土壤空气、土壤微生物、土壤盐分、土壤物理性质和结构产生较大影响。如喷灌灌水技术的实施可能会对农田周围生态环境变异、生物多样性、微生物等造成影响；采用膜下滴灌技术，可调节农田土壤水、热、盐及养分状况，改善耕作层土壤环境，提高土壤水分利用率等，膜下滴灌方式改水浇地为水浇作物，在根系发育范围内形成一个低盐区，为作物根系的发育提供一个良好的生长环境，并可根据水盐的运动规律和不同的土壤质地、土层结构合理地调整滴头间距和滴水量，达到较好的洗盐效果，有效地治理了盐碱。但是，农膜覆盖、污水灌溉可能会对土壤环境产生负面影响，其中农膜覆盖后的残膜会影响土壤物理性状，抑制作物生长发育；污水灌溉会产生重金属元素（根据实验研究表明，污水灌溉的土壤中全盐及氯化物的累积均高于清水灌溉的土壤），并且作物籽实中有毒元素的积累有所增加。总体来说，由于减少灌溉用水量，一方面减少了由灌溉水带入土壤表面的盐分；另一方面也防止了因过量灌溉引起的地下水水位抬高，从而有效抑制了地下水和下层土体中的盐分向上层运移，因此，可认为节水农业有利于土壤盐碱化的防治。

（六）减少水土流失

水土流失的根本原因是土壤侵蚀，而土壤侵蚀主要由外力引起，其中最常见、最普遍的外力是水力侵蚀。实施节水农业能减轻水力侵蚀引起的水土流失。采用不同节水农业技术对水土保持的作用不同，如渠道防渗具有防冲、防淤、防坍塌、稳定渠道等特性，能减少水分渗漏，抑制地下水水位的抬高，改善土壤盐碱化状况，缓解由于土壤盐碱化导致植物生长困难、形成水土流失的危机。采用喷灌、微灌技术，不需平整土地和控制地面坡度，减少沟渠和田埂占地，少动土而减少土石弃方，对水土保持产生积极作用。采用膜下滴灌技术，可抑制土壤水分蒸发，减少地表径流，具有蓄水保墒、保持水土的作用。

（七）防治病虫害、抑制杂草生长

由于膜下滴灌技术是一个相对封闭的系统，灌溉、施肥通过管道直接作用于农作物的根系土层，减少了病虫害的传播途径，能有效地避免虫害的侵染，提高防治效果。同时，随水滴施内吸性杀虫剂既有效，又不伤害害虫天敌，简便省工，安全可靠，方便快捷，不污染环境，用药量少，不会对农产品产生严重污染。采用地膜覆盖栽培后可以改善土壤和近地面的温度及水分状况，具有提高土壤温度、保持土壤水分、改善土壤性状、减少土壤水分的蒸发、弱化土壤地下水的垂直（特别是向上）运动、提高土壤养分供应状况和肥料利用率、改善光照条件、减轻杂草和病虫危害等作用。

（八）提高了林草覆盖面积

节约的水量用于林草灌溉，2012 年，兵团共完成人工造林 46639 万公顷，防护林 12918 公顷，农田林网不断完善，14 个团场实现农田林网化。根据调查资料显示，在评价年间，绿洲森林覆盖率有一定程度的增长，2012 年达到 17.09%。但是，评价结果的数据显示，绿洲现代农业节水技术体系的生态效益数值远远小于技术效益，略小于经济效益，其变化程度也不存在明显的上升趋势或下降趋势，而是维持在 0.03 ~ 0.12。据此，可以认为，绿洲现代农业节水技术体系对垦区农田生态环境作用比较明显，但要使农业生态环境有更大的发展还有很长的路要走。

"十一五"期间，石河子市种草100万亩，饲养牲畜100万头，2012年种草、种树、种灌木达到363万亩。每户家庭农场承包15千米林带，建立三道防沙治沙防线，第一道防线建在沙漠前沿，种植防风固沙基干林；第二道为农场主干林带；第三道是耕地田林网。这座被中央绿化委员会评为公园城、生态城的绿洲新城，绿化覆盖率达42%，居全国城市领先地位。再经过10年的努力，整个石河子垦区的沙漠将被绿洲覆盖，"人进沙退"的奇迹将成为现实，一个绿洲生态农业将展现在世人面前。

三、社会效益

社会效益指组成社会的人的部分或整体从人的实践活动中所获得的利益。节水技术体系在实现节水高产目标的同时也通过技术进步、吸纳农村劳动力，促进农村经济增长，提高群众生活水平和质量等方面有效促进地区发展，具有一定的社会效益。节水技术的推广和施行正是通过高产优产促进农村经济增长，资源节约和保护实现生态环境改善，并最终实现区域社会、经济、环境与人的全面协调发展。

（一）节水技术的应用使兵团农业生产方式发生了巨大的变革

实践证明，农业节水技术的应用，从根本上改变了我国传统的农业用水方式，大幅度提高了水资源的利用率。更重要的是，从根本上改变了农业生产方式，极大地发展了农业生产力；改变了传统的农业结构，促进了生态环境的保护、改善和建设。尤其是农业生产方式发生了四个方面的变革：

（1）农业的增产模式发生变化，找到了一条内含集约式的农业发展之路。"广种薄收"或者增加种植面积才能增收的概念因此发生改变。本来兵团的耕地面积有限，这些年的城市扩张和工业占地，耕地面积有减无增。"膜下滴灌技术"扩大了土地的单位产出率。2012年，石河子垦区170万亩棉田有130万亩采用了膜下滴灌节水技术，棉花总产超过400万担，平均单产300千克，创历史新高。仅膜下滴灌技术一项就使棉花平均单产提高了整整50千克，每亩地可增收近200元。

（2）传统的农田水利建设方式发生变革，土地的利用率得以提高。兵团选用的膜下滴灌方式，使农业用水方式从大水漫灌转向了浸润式灌溉，每个滴灌滴头的浸润半径保持在50厘米上下，有很好的节水和改造土壤、压盐碱作用，中低产的盐碱化耕地几年内就可以改造成稳产高产田。另外，水流经地下管道一直到田间的滴灌带，形成了密布的灌溉网络，成片的土地再也不用修渠、打埂和挖沟，这相当于土地的面积平均增加了 5%～7%。

（3）传统的劳作方式得以改变，大幅度降低了劳作强度和耕作成本，提高了劳动生产率。让农工感到欣喜的是劳动强度和劳动成本的降低，以往最发愁的不是节水，而是如何浇水和拔草。一年中，传统的耕作方式要浇六七次水，每浇一次，土壤就板结一次，同时必须中耕一次，这使得浇水班成为农场劳动强度最大的岗位。浇完地后，水流带进的草籽迅猛生长，拔草的任务接踵而来，一季有时达 10 多次。实行膜下滴灌之后，浇水变成了"推闸放水拧龙头"，老人、妇女都能干；同时，浸润式的灌溉，土壤又不板结，团粒不被破坏，膜下不长草，节省了大量的劳动力。

（4）传统的农业组织方式发生了改变，出现了一批大型家庭承包经营农场。据介绍，目前石河子市在原有生产建设兵团的基础上，生产经营的基本单位大部分变成了家庭农场。一个家庭一般承包土地 500～600 亩以上，最多的达到了 2700 亩，如此规模的种植经营，加上投入的降低，产出的增加，农户的收入大幅度提高。耕种 500 亩以上的农户年收入可达到二三十万元。过去很多弃农务工的人，这几年纷纷回流。据不完全统计，近两年回流的达到了几千人，这对稳定屯垦戍边起到了很大作用。

（二）带动相关产业的发展

发展和推广膜下滴灌技术，不仅可以使农业生产上一个新台阶，而且还有效地带动了塑料工业、机械工业、仪表工业等相关产业的发展。因此，它不仅拉动上游产业群，而且还推动下游产业群的发展，形成工农密切联系的产业化发展格局。

滴灌技术涉及水利、农学、机械、轻化等多种行业，以滴灌节水为龙头，将有效地带动相关产业的协调发展。

第七节　兵团节水生态农业建设过程中的经验与不足

兵团发展喷灌、膜下滴灌等节水技术已被广大职工所接受，而且职工对承包实施高新节水的土地积极性很高，且节水灌溉有利于提高水的利用率，有利于提高兵团农业科技水平和职工的增收，同时有利于生态环境的改善和保护，节水灌溉技术在农业生产中产生的是综合效益、社会效益和生态效益。但是在节水灌溉工程的建设中也存在一些问题。

一、兵团发展节水生态农业的经验

兵团节水是"逼"出来的，是干出来的。其实职工们开展这一工作也走过了一个从不自觉到比较自觉的过程，走过了一个从无到有、从小到大、从不成熟到逐步成熟的过程。他们的主要经验是：

（一）行政力量的推动

兵团是党政军企合一的特殊社会组织，团场作为兵团履行屯垦戍边使命的基础和主要载体，既是经济实体，又是社会实体、准军事实体，所以往往能够做到一声号令响到底。在发展节水灌溉方面，他们充分利用自己的特殊体制，强化行政手段进行推动。1999 年，兵团党委做出了《关于大力发展节水灌溉的决定》。依据这一决定，从兵团到师、团和连队，层层建立了节水灌溉的组织领导机构，实行领导挂帅、专人负责、明确责任制。2003 年，兵团又制定了《400 万亩现代化节水灌溉工程发展规划》。同时，加大舆论宣传，引导广大职工转变观念，树立节水、惜水意识，并拿出资金进行专项扶持，制定多种优惠政策进行驱动，从而促进了这一事业能够健康地发展。

（二）典型示范引领

虽然兵团的各级单位所在区域都是干旱少雨、水源紧缺的沙漠地区，也明知节水十分重要，但早期对能不能发展节水灌溉、节水灌溉能否有效益还心存疑虑，对如何开展这一工作也比较茫然。为此，他们先行试点，各级领导带头搞节水灌溉"试验田"。"九五"初期，大都先试验搞喷灌，在喷灌成功后又试行软管灌，在软管灌成功后他们又进一步试验膜下滴灌，每一项试点成功后他们就总结经验，召开现场会推广。特别是膜下滴灌在设备设施价格适中、水利用系数提高且增产增效增收的情况下，他们组织大面积推广，终于发展到今天的 650 多万亩。

（三）大量资金扶持

兵团从事业发展中挤出资金专门扶持节水灌溉技术推广，2001 年后为了落实 400 万亩现代化节水生态农业发展规划，每年兵团都支出 3 亿元，师、团自筹总额 3 亿元左右用于解决节水灌溉的重大设施，如加压过滤设备及地下管的建设。毛管的国产化攻关力度，兵团所属天业集团和一些师属企业终于生产出了自产的地下管道和毛管，质量接近以色列的产品，且价格低廉、适用。J 方又采取折旧回收旧管的办法，使用户得到部分补偿。兵团同志说，如果完全用以色列的一套节水灌溉设备，一亩地一次投入要 2000 元，且每年还要对地表设备进行投入，而用了自己生产的设备，一亩地一次性投入只需 650 元（主要是自压式过滤设备、地下管和控制设施），毛管每年只投入 120 ~ 160 元。兵团对自压式过滤设备、地下管等硬件设施的导向投入资金，采取每年向经营者或农户收取 30 元折旧费的办法，对经营者 10 年收滴管带，这样一来，经营者或职工年均每亩只需投入 150~210 元，而这部分投资只需用增产的产值就可以相抵并有盈利，所以职工能够承受得了，因而节水灌溉能搞得起、搞得成，而且当年都有效益。

（四）经济手段促进

运用市场机制，以水权为核心，以价格为杠杆，实行计划用水、定额用水，多用水多交钱，节约水可交易。兵团制定了"计划用水、限额供水、超用加价、节约归己"的用水管理原则，各个团都在年初提出了供水计划，并根据计划逐月配水。大部分的斗渠口都有了简易的量水设施，节水灌溉系统都安装了水表，田间定时定量灌溉。如果用水没超过定额，按制定的价格收取水费；如果超用 10%，水价加收 30%；超用 50%，加收 100%；超用 100%，加收 400%。为此，职工和群众都视水为甘泉，千方百计爱惜水、节约水。同时执行"水票制"、"水卡制"，经营者或职工先掏钱买水票、水卡，连队配水员根据水票、水卡所开的水量按时给用户配水，灌完水后，配水员又及时与用户结清水账，将用水量记录到用户及配水员的水卡上，由双方在水卡上签字备案。这样做，不仅促进节水，也使用户"用了明白水，交了放心钱"。

（五）高新科技支撑

节水不是一般做法上的拧紧水龙头、弃水重复使用，也不是一般形式上的喊口号或者抓抓管理，重要的一点是必须有高科技的支撑。如果没有配套的节水设施、设备和现代化的控制管理手段，节水只能停留在理论的或口号的层面上而难以向广度和深度推广。兵团节水灌溉之所以能够大面积发展而且在持续进行，最关键的是他们坚持不懈地用高新技术引领。早期他们引进了以色列的技术和设备，但由于价位太高，难以大范围使用。为此，他们走自我创新之路，经过反复攻关生产出了国产的滴灌毛管，价廉物美，适应了中国用户的经济水平，加上引进少量的以色列和国产的有压过滤设备和信息控制体系，从而在广袤的漠原建起了配套的节水灌溉设施，形成了一环扣一环、环环相连的高科技控制灌溉系统。这种高科技系统哪一环也不能少。如果没有地埋管，水进不了田；如果没有地面毛管，水不能渗透并集中植物根系；如果没有压泵站，水进不了毛管；如果没有过滤设备，泥沙将会堵塞滴孔。不仅如此，节水灌溉的发展带来了耕作制度变革，促进了农业现代化的发展，但必须依靠其他方面高科技配套和支持。农一师三团的一块 4800 亩膜下滴灌棉花地，已建成了现代化的农业科技园，全部自动化控制灌溉，田间建有雨量测量设施、土壤水分检测设施、植物长势监控设施、病虫害监控设施等，只要在控制房点击鼠标，就知道哪块地要灌、施肥、打药。特别是这块土地全部用激光平整，田成方、林成带，一眼望去，刚打蕾的棉花平展整齐、满目青翠。他们也深知，科学技术是要人去掌握和运用的。为了提高人的素质，建立起一支掌握并运用高新技术的队伍，他们除了引进人才外，每年都层层举办科技培训班。从而建立一支发展节水灌溉的科技队伍和服务队伍，如果没有这些高科技的配套设施和科技人才以及科技服务队伍，节水效益不可能这样高，所谓现代化农业也"化"不起来。应该说，高新科学技术的应用和人才队伍的建立，使兵团的节水灌溉上了新的台阶，也为他们的农业经济插上了腾飞的翅膀。

（六）制度建设做保障

近几年，兵团在完善各级管理机构的基础上，依据《水法》规定相继制定了一系列节水灌溉管理制度，包括节水灌溉设施设备的管理、节水灌溉技术标准的管理、节水灌溉工程质量监督管理、用水价格管理、水费计收管理、兵团节水灌溉工程运行管理办法，自压微水软管灌技术规定等，膜下滴灌运行管理制度的建立和有效运行，推动了兵团节水灌溉工作从粗放到精细、从松散到集约、从传统到现代的转变。当然，这些都是就节水灌溉工程管理而谈的，至于其他方面的制度建设如水权制度建设、用水计划制度建设等也都是做得比较好的。

（七）科学规划，因地制宜地发展节水灌溉技术

兵团分布在新疆160多万平方公里的土地上，地域差异较大，又是高海拔牧业区、平原盐碱滩地区、戈壁荒滩地区、沙漠区；气候条件差异较大，有降水量在200毫米以上的半干旱区，也有降水量不足70毫米的极端干旱区；土壤条件差别也很大，有沙土、重盐碱土、戈壁土等。若要在这些自然条件差别很大的地方搞一种节水技术，是不切合实际的，节水也是搞不起来的。兵团结合各地自然条件，因地制宜地使用了喷灌、膜下灌、喷滴灌两用技术，有涌泉灌（小管出流灌）、地理式滴灌、自动化滴灌、首部移动式滴灌、自压微水头软管灌、微喷灌等。针对各地区不同情况，采用不同的节水形式，收到了较多的经济效益和节水效益。兵团大范围推广使用了多种类的节水灌溉技术，充分发挥出了各种技术的特长和优点，对各种技术已总结出一套成熟的设计、施工及管理经验。

二、兵团发展节水生态农业的不足

虽然，兵团节水灌溉取得了显著的成绩，积累了丰富的经验，但仍存在一些困难和问题，主要表现在以下几个方面：

（一）尚未形成高效的推进节水生态农业发展的管理机制

管理机制问题是节水生态农业发展能否顺利进行的基础，目前存在的主要问题是管理机制不到位。表现在节水生态农业花架子工程多，政府一厢情愿多，农户自觉行动的少。管理机制在节水生态农业的资源配置不到位，尚未发挥应有作

用。另外，管理机制效率低。国际上公认，节水潜力的发挥 50% 要依靠管理，我国水资源的管理水平与先进国家相比差距很大。现行水管机构节水功能缺损，不适应市场经济和节水生态农业发展的需要，灌溉管理系统缺乏效率。我们仅从重水利轻灌溉、水利与灌溉分家的现实就可以窥视一二。花在水利工程上的经费是非常巨大的，但投在节水生态农业上的经费是极其有限的。其原因出现在管理归属上，兴修各种水利工程（包括农田水利工程）归水利部门管，农艺节水归农业部门管，工程节水与农艺节水分属不同的部门。而灌溉技术与农业密不可分，部门分割影响了节水生态农业的发展。在灌区管理上，灌区管理部门，过去一直属于行政事业单位，因而对工程经营管理没有自主权和积极性；在水资源管理上，水资源管理未能实施按流域统一管理，至今仍是地区、部门各自为政；在工程修建上，许多灌区只修建了干、支渠骨干工程，而田间灌排工程至今仍不配套。

（二）资金投入不足

兵团所建设的 658 万亩的高新节水灌溉工程，其主要投资是向银行进行贷款建设的，特别是随着石化产品的不断提价，工程的造价不断提高，也制约了节水灌溉技术在兵团和新疆的进一步发展和推广。

长期以来，兵团对水库、输水渠道等工程节水措施比较重视，也有固定的投入对以农艺、农机措施为主的田间节水措施重视不够，投资安排较少。过去投资，偏重于工程，对于非工程节水措施，由于投资理念的限制，缺乏甚至没有资金的保证，这种状况严重影响了节水生态农业的发展。田间节水是农业节水的薄弱环节，也是重点环节，潜力很大。由贷款和集体及农民负担的投入占到总资金的 68%，各级财政投入只占到 32%。建设资金主要是使用银行贷款，贷款期限短，贴息年限仅一年，加之这种贷款属指导性计划，往往只有额度没有资金，国家没有其他优惠政策，因而贷款落实难度很大。对于我国农民收入水平相对较低，而节水灌溉的效益主要体现在生态环境等社会效益方面，要求农民投入太多的资金用于发展节水灌溉是不现实的。

（三）节水生态农业政策不配套

国家产业政策所列入国家对水利工程的投资主要是大型骨干水利工程、场外重点水利工程及流量在 1 立方米/秒以上的防渗渠道工程等，对田间工程没有投入。而节水灌溉工程主要是在田间进行建设的，且 2/3 的投资在喷、微灌系统地下骨干管网和首部设备上，而主要用于灌溉的滴灌带等地面材料的费用只占 1/3，所以说，制约节水灌溉工程建设的主要问题在投融资政策上。

（四）节水生态农业技术推广仍有一定盲目性

目前可供选择的农业节水技术有很多种，但都有一定的适宜范围，必须因地制宜，做好调查研究，进行充分论证和多方案比较，选择最适合本地区发展的农业节水技术措施。但是，当前各地在推广应用农业节水技术中已出现一些不恰当的做法，如不按规律办事，行政干预较多，不根据需要和可能，不充分征求农民群众的意见，沿道成线、成片修建仅为供参观用的所谓样板工程或旅游农业；有的农业节水灌溉工程本已有比较完整的低压管道输水灌溉系统，又在上面重复修建喷灌工程，上级参观时用喷灌，实际生产时用管灌；有的井灌区已严重超采地下水，形成地下水降落漏斗，本应通过修建节水工程减少地下水用量，改善和恢复生态平衡，但却继续扩大灌溉面积，地下水开采量不但不减少，反而增加；等等。这些造成投入大量资金建成的农业节水工程不但不能发挥应有的效益，而且还挫伤了农民发展节水生态农业的积极性，带来负面的社会效应。

（五）科研研究和科技推广示范的工作行动缓慢，没有更好地为进一步提高高新节水灌溉工作提供技术支撑

现阶段已能成批生产供应包括渠道防渗衬砌、管材和喷灌机具、滴灌设备等节水灌溉材料及设备，但在产品质量可靠性和稳定性方面存在较大问题。在喷灌设备方面，发现铝合金管道因壁厚减薄超标大多不合格，接头密封性和自泄性差，管件耐压低且结构落后；塑料喷头耐水压喷嘴互换性差、技术参数与实测值相差较大；PVC管材耐压性能差，管道连接件密封性也较差。在滴灌设备方面，滴头堵塞，网式过滤器密封性不合格；农民不易掌握，服务体系又不健全，因而抑制了农民购置新设备的积极性。

通过近几年高效节水灌溉项目的建设实践，虽然取得了一些好的经验和成效，但存在的问题和困难也不少：一是项目的建设成本较高，仅田间工程，喷灌每亩一次性投入350元左右，膜下滴灌每亩600元左右，全自动作物根层滴灌每亩1200元左右，每年的成本分摊额较大；二是设备的质量和性能参数有待进一步完善和提高；三是为了便于耕作和回收，降低保存和再次利用的成本，目前采用的大多是一次性滴灌带，但一次性滴灌带的质量问题较多，灌溉均匀度和铺设长度对于集中连片的大面积大田作物灌溉而言，还不尽如人意，同时价格相对较高，增加了每年的投入成本；四是资金短缺，由于兵团没有自己的税收和财政，建设资金全靠自筹，要进一步发展此项技术建设将面临很大困难；五是缺乏长远发展思路及对工程进一步改造完善，特别是对设计试用期结束后如何使这项技术得以延续和发展考虑很少。

（六）节水生态农业布局不适应农业发展的要求

随着产业结构调整和农业生产的效益驱动，农业产业化进程加快，区域化、专业化生产的格局逐步形成，必然要求农业的基础设施建设与这种布局相吻合。但已有的灌溉布局仍然是在农产品数量增长的背景下形成的，区域化的布局将打

破已有的按流域管理的模式。在这种情况下，节水技术措施必须从生态环境条件出发，对节水生态农业的布局做出必要的调整，才能适应新阶段农业发展，发挥节水增产增收的效益。

（七）节水生态农业投向不适应发展需要

国家虽然在水利设施建设方面投入不少，但主要的投向是水利骨干工程，农田配套工程不仅难以列入国家重点建设工程，也没有动员社会资本的投入，节水生态农业投资严重不足。尤其是当前全民节水意识不强，需要调整国家投资方向和重点，把投资的重点放在田间工程、节水增收的示范工程和科技创新工程，才能推动节水生态农业的健康和持续发展。

（八）节水生态农业还没有形成系统化和法制化

节水生态农业本身是具有系统性、效益性和综合性特征的农业，而在农业发展的阶段，由于与其他非农产业的关联度越来越大，产业间的边界越来越模糊，节水生态农业实际上已经变成一项系统工程，涉及水利、制造、材料、化工等多个行业，需要全社会的参加才能持续发展。但现有部门分割、职能错位等不适应这一客观规律，从而形成许多节水生态农业的发展障碍，制约了节水生态农业的健康发展。为了适应新的发展形势，节水生态农业应逐步纳入法制化的轨道，并通过制定节水生态农业发展规划来规范节水生态农业。当前，灌区的农田灌溉水的水价不到水实际成本的1/3。据有关部门统计，目前在水、种、肥农业生产三要素中，种子占27%，肥料占34%，而灌溉用水只占7%~9%。在一些引河灌区，水费支出仅占平均纯收入的2.1%，由于水价太低，导致农民不珍惜水，不舍得在购买节水灌溉设备上花钱；由于水价太低，灌溉管理单位收取的水费入不敷出，反而鼓励农民多用水；由于水价太低，水利工程难以维修更新，工程老化失修、带病运行，效益日趋下降。此外，在水资源的合理调配和灌溉服务体系的建设方面，也远远不能适应国民经济和社会发展的需要。要从法律、法规上对农业节水做出严格规定。我们还没有节水的法律，《水法》中只有号召性的一般规定。在资源性缺水地区，如果不建立世界上最严格的节水法律法规，采用最精细的用水技术，让很少的水产生最佳经济效益，支撑当地经济社会发展，节水就不可能有大的作为。

三、兵团发展节水生态农业的启示

兵团在发展农业节水灌溉过程中创造的成功做法和宝贵经验，对于全面落实科学发展观、深化对解决干旱缺水地区水资源问题和在全国建立节水型社会的认识，具有十分重要的理论启示。

启示一：发展节水灌溉和建立节水型社会在新疆乃至中国是必然的，经过努力也是完全可以实现的。对于中国的水资源现状、发展节水灌溉和建立节水型社会，应该说，全社会是有所认识的，但紧迫感并不强。有的丰水地区认为，节不节水无所谓；有的枯水地区认为，节水投入多，技术复杂，搞成比较难。因而在全国发展参差不齐，点点星星比较多，大面积乃至板块式发展比较少。而兵团的做法和经验证明，在新疆，节水是保障经济社会可持续发展的重要途径和必然选择。从经济能力上来说，节水灌溉的投入是可以承受的，从科学技术运用来说也并不复杂，是可以迅速掌握的。兵团的经验还进一步证明，节水灌溉在生存和发展条件这样恶劣的地区都能够起步、发展乃至大面积推广，在西北的其他区域或者是经济水平较高的沿海地区都是可以进行的，关键是把节水真正作为一项革命性的措施来认识。只要认识到位、共同努力，节水灌溉在四川、重庆、西北地区乃至全国范围是可以得到广泛推广的，节水型社会的目标也是可以实现的。节水这一系统工程做好了，从全国来说，可能真的不亚于建设三峡大坝和南水北调工程的作用，更何况还会带来生产关系的调整、耕作制度的变革、新技术新科技的运用、管理形式的变化以及农业产业现代化。

启示二：节水灌溉和节水型社会的实现途径，重在加强政府和行政行为引导，实行综合措施；核心在完善制度建设。由于节水在体制上、投入上还存在诸多障碍，在认识上还不尽统一，在设施设备上还不够配套，使用者的经济承受能力不完全适应，对高新技术掌握运用还有一个过程，管理水平还需不断提高等，因此，必须加强政府和行政行为去进行引导。特别是在投入上要有所倾斜，在设施设备上要创造出经济实用、符合中国国情的高新科技产品，管理上也要不断地提高。要综合采取行政措施、法律措施、政策措施、工程措施、经济措施、科技措施、激励措施，确保用水指标的实现。特别是要制定合理的水价政策，运用市场机制，"超用加价、节约有奖、转让有偿"，充分发挥价格对促进节水的杠杆作用。同时对节水特别是对大量节水补充公益用水的，也要建立补偿机制，以解决供水方的利益损失。

启示三：新材料、新技术、新工艺、新设备、新手段等高新技术的发展，一定要走在节水行为的前面。"工欲善其事，必先利其器"，节水也是这样，要取得比较好的成效，必须有相关的高新技术与之配套。这些配套的新材料、新技术、新工艺、新设备、新手段要尽可能有前卫性，而且要价格适中，使用户包括广大的老百姓能用得起、用得上。如果你想节水却无设备，有设备却不管用，管用又价位太高，这样节水只能成为一个口号，不能成为广泛的社会行为。

启示四：发展节水灌溉和建设节水型社会一定要让用水户得到实实在在的效益。在经济社会，利益是一种驱动力。特别是广大农村，如果农民对办一件事看不到利益、得不到好处，就不愿意去办。兵团的职工和土地承包经营者为什么争先恐后地发展节水灌溉，最根本的是他们从节水灌溉中得到了许多实惠和好处。一般来说，经营者经营一亩棉花，采用滴灌节水技术后，扣除各种费用，在没有天灾的情况下，当年每亩就能赚200元左右，经营一亩西红柿当年也可以赚300元左右。所以，他们不惜借贷去承包和经营。当然，既要付出辛劳，也要承担风险。多年的实践证明，敢经营、善管理、肯吃苦的，都获得了实实在在的效益。和田、石河子、阿克苏等地区许多承包人富了起来，这是非常可喜的。

第二章 兵团节水生态农业可持续 发展理论框架设计

人类社会经历了传统自然农业和石化农业等历史阶段，现在已开始步入可持续农业时代。传统自然农业生产方式使农业生产与生态系统处于自然、简单、和谐之中，但是生产率水平低下，资源转换效率不高。随着人口增长、工业发展，同时也在工业文明的推动下，其生产方式逐渐被高投入、高产出的以石油农业为特征的现代农业所取代。自 20 世纪以来，经济发达国家的农业依次走上了一条高度依赖石化原料等非再生性生产要素投入的发展道路。这种农业模式在获取大量农产品的同时，生产过程也产生了大量污染物，造成农业生态环境严重恶化。这种模式打破了农业经济再生产与自然再生产之间的内在联系，过分注重农产品产量，忽略了经济再生产过程对自然生态系统的破坏作用。于是，人们总结了传统农业和现代农业的利弊并在此基础上提出了农业可持续发展模式。

第一节 节水生态农业是可持续农业的本质

无论是传统农业还是现代农业，都是自然再生产和经济再生产相互交织而成的农业生态经济系统。从古至今，农业生产为人类社会发展的贡献表现在：一是农业经济再生产为我们提供了经济物品，形成人类生存与发展的经济基础，即我们通常所说的农业提供粮食、工业原料、劳动力、资金、市场、外汇等贡献；二是农业自然再生产为人类生存和经济发展提供了生态产品，形成人类生存与发展的生态基础，即农业为人类生存提供了优美环境。

可持续农业是以现代工业装备和科学技术为基础，根据生态经济原理配置生产要素，是农业生产与生态系统和谐共处的生产体系。可持续农业不仅具有传统农业与环境友好相处的优点，还具备石油农业高效转换的优点，抛弃了过分依赖非再生性生产要素和忽略了环境的不足。联合国粮食及农业组织（FAO）把可持续农业定义为："鼓励保护自然资源基础，调整技术和机构改革方向，以确保获得和满足目前几代人和今后世世代代的需求，并能保护土地、水资源、植物和动

· 29 ·

物遗传源，而且不会造成环境恶化，同时技术上适当，经济上可行，能被社会接受。"其实质就是用生态学原理与方法，寻求农业生物与其环境之间最适合的关系，提高农业生物的"生产力"、"稳定性"与"持续发展能力"。

可持续农业生产的本质就是在不断增强优质农产品供给能力的同时，尽量减少环境资源消耗，以较少的环境成本提供较多的符合质量标准的农产品，即保持农业为满足社会经济发展日益增长需要的可持续发展能力。

一、可持续农业生产的基本特征

可持续农业生产的基本特征表现在以下几个方面：

第一，减少非再生性生产要素投入比例，增加再生性生产要素投入比例。农业生产过程中的各种物质资料与农业生态环境保持着高度的友好界面，增加容易分解的农膜、农药，改善土壤结构，培肥地力，多用有机肥，少用无机肥。弱化农业生产对石油物料的依赖性。

第二，生产过程的清洁化。农业生产中产生的废物不超出自然生态系统的净化能力，在实现农业增长的同时也实现了生态环境的改善。

第三，对市场提供无公害农产品，不断满足人们对无公害食品日益增长的需求。总而言之，可持续农业是一个高产、优质、高效、低耗的农业生产经营体系。它很好地把农业生产的经济效益和生态效益、近期效益和长远效益、局部效益和整体效益统一起来。

第四，可持续农业包含"软件"和"硬件"两大要素。所谓软件，是指人们的观念及相适应的政策、体制等。硬件则是指技术创新。可持续农业要达到经济、社会和生态三方面效益的统一和协调，从软件上讲，必须转变观念，进行管理体制改革，建立一整套适合市场经济的农业可持续发展的利益驱动机制和政策保障体系。从硬件上讲，必须采用先进的科学技术（如生物工程技术、节水灌溉技术等），对常规农业技术不断创新。

可持续农业是社会、经济、自然等要素的综合整体。强调任何一方面而损害其他方面都是危险的。例如，虽然能保护环境质量，但是不能提供充足产品以满足需求，或不能为生产者带来适当经济报酬的农业生产系统，都不能认为是可持续的。同样，能保持较高生产水平，但日益依赖高投入来抵偿环境退化的负面作用的农业系统，也不能认为是可持续的。

二、可持续农业三大目标的统一

农业的持续性是生态持续性、社会持续性及经济持续性三大目标的统一。这一目标体现了农业生产的环境的重要性、经济发展满足人民生活对农产品的追求以及经济发展过程中体现出的社会公平性。

（一）生态持续性目标

生态持续性目标侧重于生态系统永续的生产力和功能。它要求维护资源基础的质量，维护其生产能力，尤其是维持土地的质量。生态持续性还要求保护自然条件，特别是地表水和地下水的水循环、气候条件和土地资源条件，土地与水资源的持续利用是生态持续性的基础。同时，一个重要方面是保护基因资源和生物多样性。只有维持人类生存环境的多样性，发展可持续农业才有意义。

（二）社会持续性目标

社会持续性目标强调满足人类社会发展基本的生存需要及较高层次的社会文化需求。社会的进步必须体现在代内平等和代际平等的基础上，否则，社会的持续性就无法实现。代际平等指为后代保护资源基础，保护他们从资源利用中获得收益的权利和机会。代内平等指资源利用和农业活动的收益在国家之间、区域之间和社会集团之间公正而平等地分配。当前的农业经营模式导致的环境退化将会使未来生产成本或环境治理成本增加，会损害未来的农业生产系统或其他国家、地区和社会集团利益。这样的农业系统会导致人类社会的停止不前或后退。

（三）经济持续性目标

经济持续性目标主要关注于农业生产者的近期利益，其关键在于农业纯收入的实现。在市场经济中，由于农产品价格低下、产量减少、生产成本上升及市场等原因而造成农业利润不能实现，大大挫伤了农业发展的持续性。经济持续性主要着眼于生产率和产量，而不是自然资源本身。因此，农业要持续，就必须使生产者有利可图。

当然，三大目标侧重点不同，但必须是统一于农业可持续发展这一大目标中，资源利用的收益及其分配，既是经济问题，也是生态问题和社会问题。土地退化、水资源等是生态问题，但其长期后果必然反映在经济上。环境保护措施要付出经济代价，当然也可能获得经济效益。

总之，农业可持续发展目标应该是：以合理利用、保护、改善自然资源和生态环境为核心，从根本上保证粮食安全；以农业多种经营为依托，农林牧渔综合协调发展，增加农民收入，消除农村贫困，实现农业的经济、社会、生态效益目标统一的可持续发展。

第二节 兵团节水生态农业可持续发展的任务

一、节水生态农业可持续发展的基本任务

节水生态农业系统强调整体优化、综合发展、协同进化。其所针对的是当代农业发展的三大弊病：农业水资源过度利用，对自然环境造成危害；生态农业系统退化；农业发展成本越来越高。节水生态农业理论与实践正是针对现代农业存在的这三大问题而进行的。为了排除上述困扰，中心任务放在调适生物与环境之间的物质循环、能量流动、信息传输，使物、能、信息的转移、交换、贮存等基本功能随着时间的推移逐项稳妥放大，并始终维持在系统可容许的范围之内。总体而言，是保护与再生农业资源；协调农业生态系统内部的合理运行；减轻或消除由于生产力提高对环境所造成的胁迫与危害。具体而言，有以下几项任务：

（1）降低水资源、土地资源等农业资源的消耗强度，即提高单位资源的生产力。

（2）进行有效的能量流与物质流的健全运行的技术创新与制度创新，以维持农业持续发展的自动平衡机制。

（3）科学地总结当地以尽可能挖掘当地生产潜力，发挥多方面效益，体现最优功能的节水生态农业结构模式。

（4）尽可能地通过生物的生态补偿功能、农业生物的捕食与被捕食关系、农业生物的还原能力等，合理、有效地组织农业系统的整体生产。

（5）设计与优化节水生态农业工程。

二、可持续发展农业的生产链条及效益体现

（一）农业生产链条

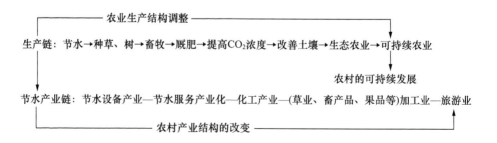

图 2-1 农业生产链条

（二）农业生产链各个具体措施效益体现

新疆在建设及规划节水生态农业示范点时，充分延长节水生态农业生产链及产业链，在各生产环节上达到经济、社会、生态、环境及景观效益的协调统一。各环节及措施实施中所表现出的效益如表2-1所示。

表2-1 节水生态农业生产措施及效益状况

措施或环节	经济效益	社会效益	生态效益	环境效益	景观效益
滴灌节水网建设	节水增效	水利用的多元化	提高水资源利用率	减少土壤次生盐渍化	减少荒漠景观
种草、种树	调整生产结构，长期效益明显	改善生活环境	防风防沙，改善气候	净化空气	绿化
农林、农果复合生态工程（农田防护林）	增产增收	提供林果产品	改善农田环境，利用生物共生优势	改善农田小气候，防风，生物排碱	绿化
发展特色经济	增产增收	优化生产结构，满足人民多方面生活需求	系统投入产出平衡	系统协调，用养结合	旅游农业、观光农业
畜禽养殖	转化增殖	提供优质畜产品	充分利用饲草资源，农牧相互促进	生物多样化发展	农业多元化
水产养殖	增产增收，转化增殖	提供优质水产品	水面充分利用，废弃物利用，促进循环发挥共生优势	废弃物综合利用，减少污染	旅游农业、观光农业
农畜产品加工	转化增殖	调整产业结构	促进能源转化和物质循环，开辟饲料来源	废弃物综合利用，减少污染	多种经营立体农业格局
食用菌及其他养殖	转化增殖	提供优质产品，满足生活需要	废弃物利用，促进循环，发挥共生优势	废弃物综合利用，减少污染	农业种植多元化模式
有机肥及秸秆还田	节省生产开支	节约化石能源，提供生态产品	有机物再循环	增加土壤肥力	废物利用，减少污染
综合防治，少用农药	节省生产开支	提供无公害产品	控制污染	保护环境和生物资源	减少污染面
科学施用化肥	节省生产开支	提高产品产量	养分收支平衡	保护水土资源	减少污染面
农业产业化	增收	调整产业结构，增加就业	系统开放，以工补农	资源循环利用	农村可持续发展
庭院经济	增产增收	提供花、菜、果等土特产品，利用闲散劳力	发挥复合生态系统活力	提供舒适的生活环境	庄园式田园生活景观

第三节　节水生态农业可持续发展系统的构建

应用系统观点建立节水生态农业的框架：在有限的边界条件和初始条件下，从结构到功能，从静态到动态，充分体现农业系统的效率均衡、稳定和循环。一个良性发展的生态农业系统，应当是与当地自然特点、资源水平、社会经济条件相一致的，具有相对稳定并能自我维持的不低于当地生产力水平的自组织实体。节水生态农业体现出"整体优化、循环再生与持续稳定"的基本特征。

一、节水生态农业可持续发展系统结构

（一）系统结构要素

可持续农业系统是自然、经济和生态要素结合成的具有特定功能的有机整体。系统结构是反映农业总体与其组成要素之间以及各组成要素之间在空间与时间上的有机联系及其相互作用的方式或程序。识别影响节水生态农业系统可持续发展贡献能力的要素或变量有很多。农业的生产是自然再生产与经济再生产交织在一起，农业的收获既依赖于自然界的资源与环境，又依赖于人所参与的劳动。因此，可持续农业系统是自然资源与人共同作用形成的一个生态经济系统。

从狭义角度看，农、林、牧、渔等生产经营构成是可持续农业系统的基本结构，它决定着农民收入、消费、交换和分配。但农业生产经营结构的形成又受其收入、消费、交换和分配以及国家产业政策等因素的制约。

从广义角度看，可持续农业系统是自然—经济—社会融合的复杂系统，具体由资源系统、环境系统、农业经济系统、农业社会系统、农业科技系统等系统结构构成。资源系统是进行农业生产的基础；农业经济系统是农业发展的动力条件；环境系统是农业发展的限制条件；农业社会系统是农业发展的保证条件；农业科技系统是农业持续发展的持续条件。农业社会系统、农业科技系统及环境系统等成为节水生态农业的支持系统；它们之间能否协调发展直接影响着整个节水生态农业系统；农业社会系统运行状态直接影响着农业经济系统和农业生态系统的运行状态；农业的经济系统离不开相应的农业科学技术系统的支持。随着人类科学技术的发展及向各系统渗透，农业经济系统结构逐渐优化，不断进化。

（二）节水生态农业可持续发展系统的特征

可持续农业系统是在自然因素与人类农业生产活动综合作用下而形成的农业复合系统。通过农业实践已经发现，各地农业生态系统中农业生物基本上是与当地的自然环境条件和人们的需要相适应，并受当地自然环境条件所制约。特别当

环境条件发生变化时，对其影响更大，甚至造成灾害。但农业生态系统是以人类生产活动为目的，其种类组成是人为安排的，常常在大面积上形成单一优化的人工群落。这单一种类是人们精心选育的作物品种，常具有较高的经济价值和较低的抗逆性，要维持其正常的生长发育必须有人工的管理和必要的投入。因此，节水生态农业系统的结构必然是自然与人类经济因素综合作用下产生的一种复合结构。

具体而言，节水生态农业可持续系统就是人类根据需要和可能，在自然生态系统的基础上，开展了农、林、牧、渔等各部门的经济活动，从而建立了农业经济系统，它们与自然生态系统密切地交织在一起，形成了自然与人类和谐共存的自然—经济—社会复合系统。

其特性表现在：

（1）通过劳动积蓄生物能。通过劳动积蓄生物能不仅是农业系统功能之一，同时也是农业系统区别于其他系统的显著特征之一。

（2）具有生态、经济、社会三重性。农业生产是自然再生产与经济再生产的交织。农业活动结果既是对社会的回报，又离不开社会的支持。因此，农业系统是农业生态系统、农业经济系统与社会系统的有机结合，具有生态、经济、社会的三重性。这种三重性不仅反映在系统水平上，而且体现在各个层次、因子和环节上。

（3）农业生产系统从狭义上看是开放系统。农业生产系统不同于一般的自然生态系统。自然生态系统是一个封闭系统，物质和能量的转换过程是一种封闭式循环。农业生产系统从外界接受的是光、热、空气、水、肥料、种子、劳力、畜力、机具、电力设备以及农药、燃料等物质和能量。它向外界输出的是农产品。而且植物的生长、群落的演变、生物的繁衍及农产品的营销活动等离不开自然环境和社会环境，农业系统与环境之间存在着物质、能量与信息的流动。例如，农业生产一方面从自然获得资源，另一方面又以消耗自然资源和"排废"影响环境。

（4）节水生态农业可持续系统是动态的，且具有自适应性，为保持系统的正常运行，系统在一定限度内可以自行调节以应付环境变化给系统造成的影响，当环境影响超过自适应能力时，农业系统的运行就可能出现警情。

（5）现代节水生态农业可持续系统是一个多目标系统。农业系统的运行必须同时考虑五个目标：经济效益、生态效益、社会效益、环境效益与景观效益。但对于这五个目标都可以有各自的子目标，对于经济效益要求做到高产、优质、低耗和高收益；对于生态效益要求做到注意保护与合理利用自然资源、防止环境污染和水土流失、保持生态平衡；对于社会效益要求考虑到兼顾国家、集体和个人利益，满足国家计划，市场需求和生活需要；对于环境效益要求对人类生存环境起到改善与美化作用。景观效益是要求达到新疆维吾尔自治区党委要把新疆农村建设成为山川秀美、风景如画的新农村。如果对于农业系统中的某一个具体子系统，也会有它自己的运行目标。因此，农业系统的目标是一个具有层次结构的目标集。

（6）现代节水生态农业可持续系统是有一定惯性且周期长的系统。农业系统的生物过程和经济过程的周期都比较长。系统的更新周期更长。如农作物从下种到收获，一般要经历 4～10 个月，有的甚至几年；果树从育苗到产果一般要 5～10 年。更新则要几十年甚至上百年。自然资源的过度利用对环境产生滞后的、潜在的不良影响在以后几年，甚至几十年才能显现。由此可见，农业系统受内部或外部因素影响的时间长，惯性大，一次失误往往要造成长期的、滞后潜在影响。

二、节水生态农业可持续系统子系统之间协调量化模型

从广义看，农业系统是由经济、社会、资源、环境、科技等子系统组成的综合系统。它们之间是否协调发展直接影响节水生态农业的持续发展。因此，研究它们之间的相互影响、相互协调能力是节水生态农业发展的重要课题。

（一）节水生态农业系统评价指标设置的原则

（1）评价指标的选取要有针对性、科学性，能很好地反映农业经济发展水平，又能反映生态系统的主要生态问题。新疆土地面积大，生态系统类型丰富，不同地区农业生态系统的主要问题不同，受人类的影响也不同，受人类影响后的反映也不同。所以要做到高水平的节水生态农业评价就必须要对各个类型的生态系统制定有针对性的、符合生态学理论的评价指标体系。但在不同的地区应采取哪些具体指标还需仔细推敲。一定要谨慎、科学地选取符合各生态区具体情况的指标体系。目前，对于节水生态农业评价指标体系的研究是非常急切的。

（2）注重发挥各个级别的生态定位站以及生态系统研究网络的作用。评估要用到多方面、多地域、长时间的监测数据。因此，要发挥重点地区典型生态系统定位站的作用，这些站点积累的资料比较全面，而且多为常年积累，应该是评估的主要资料来源。

（3）生态系统评估的长期性和连续性。生态评估不是一次性的事情，需要在未来的不同时期重复开展，这要求在所有关键生态区都设立生态定位站。新疆干旱区地域广阔，荒漠化也有加剧之势，需开展长期的生态定位监测，避免监测的人为中断。长期的、连续的、短间隔的监测数据是高水平生态评估的基础。

（4）农业经济指标的选取要协调各方利益。经济指标既要符合当前人们的

利益，又要考虑长期的利益；既要考虑微观企业效益，又要考虑宏观全局利益的均衡。

（二）节水生态农业可持续发展系统指标体系的设置

表 2 - 2　节水生态农业可持续发展系统指标体系

总目标	子系统目标层	权重 d_i	一级指标层　x_i	权重 f_i
节水生态农业持续发展总目标	经济系统（J）	0.30	农业总产值增长速度	0.1
			人均粮食占有率	0.1
			非农收入比重	0.2
			人均GDP增长率	0.1
			人均农业产值增长率	0.1
			农民人均收入增长率	0.2
			工业化系数	0.1
			第三产业化系数	0.1
	资源生态系统（Z）	0.20	植物光能利用率	0.15
			主要物种数	0.05
			水资源利用率	0.2
			土地生产率	0.2
			旱涝保收田比重	0.1
			水土流失治理率	0.1
			耕地有机质含量提高率	0.1
			耕地退化面积减少率	0.1
	环境系统（H）	0.15	水环境协调系数	0.2
			"三废"治理率	0.3
			森林覆盖率	0.1
			相对湿度	0.1
			平均温度	0.1
			风沙日	0.1
			区域平均降雨量	0.1
	社会系统（S）	0.20	农村城镇化率	0.2
			平均文化程度	0.3
			城乡居民收入差异指数	0.1
			贫困率	0.2
			区域农产品商品率	0.2

续表

总目标	子系统目标层	权重 d_i	二级指标层 x_i	权重 f_i
节水生态农业持续发展总目标	农业科技系统（K）	0.15	每万人拥有农业科技专业人员	0.2
			农业科技进步贡献率	0.1
			农业科技投入占 GDP 的比重	0.2
			每公顷耕地用电量	0.1
			农业机械化程度	0.1
			节水灌溉推广面积增长幅度	0.2
			良种推广面积增长幅度	0.1

（三）模型构建的基本思想

节水生态农业整个系统的持续发展水平是由各子系统协调发展能力与其子系统的承载能力两部分综合决定的。因此，整个系统的协调发展能力指数由各子系统受其他子系统影响后的协调发展指数综合评价方法或模糊评价方法确定，系统的承载力是通过计算单要素承载力和子系统的综合承载力而确定的。

（四）动态模型构建

（1）指标因子权重与指标因子标准值、实际值的确定。为了实现动态评价要求权重与标准值、实际值不是常量而是随评价期变动而变化的变量。为此构造判断矩阵，确定各层次之间及各指标因子之间的权重值：首先通过 Delphi[①] 法收集各年评价指标体系基础数据，通过层次法分别构造各判断矩阵，用相关的方法计算出各矩阵的特征向量即权重，并进行一致性检验。

令第 i 子系统的 n 个指标因子的权重向量为：

$$f_i = [f_{i1}, f_{i2}, \cdots, f_{in}]^T \qquad (2-1)$$

令各子系统对总目标层的权重向量为：

$$d = [d_1, d_2, \cdots, d_m]^T \qquad (2-2)$$

令第 i 子系统的 n 个指标因子的标准值向量为：

$$\overline{x}_i = [\overline{x}_{i1}, \overline{x}_{i2}, \cdots, \overline{x}_{in}]^T \qquad (2-3)$$

令第 i 子系统的 n 个指标因子的实际值向量为：

$$x_i = [x_{i1}, x_{i2}, \cdots, x_{in}]^T \qquad (2-4)$$

经标准化处理，$\left(\dfrac{x_i}{\overline{x}_i}\right)$ n 个指标因子的权重向量为：

---

① Delphi，一种在专家个人判断法和专家会议法的基础上发展起来的专家调查法，它广泛应用于市场预测、技术预测、方案比选、社会评价等众多领域。

$$x'_i = \left[\, x'_{i1} ,\ x'_{i2} ,\ \cdots,\ x'_{in} \,\right]^T \tag{2-5}$$

（2）各子系统影响系数的确定。

设 A_{ij}^{pq} 表示第 i 子系统的第 j 项指标受第 p 子系统的第 q 项指标的影响系数，则

$$A_{ij}^{pq} \in \left[\, -1,\ 1 \,\right],\ i,\ p = 1,\ 2,\ \cdots,\ m;\ j,\ q = 1,\ 2,\ \cdots,\ n$$

设 A_{ij}^p 表示第 i 子系统的第 j 项指标受第 p 子系统的所有指标的影响系数，则

$$A_{ij}^p = \sum_{q=1}^n A_{ij}^{pq} x'_{pq} \tag{2-6}$$

设 A_{ij} 表示第 i 子系统的第 j 项指标受除 i 子系统以外的所有指标的影响系数，则

$$A_{ij} = \sum_{p=1 p \neq i}^m A_{ij}^p \tag{2-7}$$

（3）各子系统协调系数的确定。

设 B'_{ij} 表示第 i 子系统的第 j 项指标受其他子系统的所有指标的综合影响，即协调发展系数，则

$$B'_{ij} = A_{ij} \sum_{p=1}^m \sum_{q=1}^m A_{pq} \tag{2-8}$$

设 B_{ij} 表示第 i 子系统的第 j 项指标受其他子系统的所有指标的综合影响后的指标值，则

$$B_{ij} = B'_{ij} x'_{ij} \tag{2-9}$$

设 B_i 表示第 i 子系统受其他子系统的所有指标的综合影响后的协调发展系数，则

$$B_i = \sum_{j=1}^n B_{ij} \tag{2-10}$$

设 B 表示整个系统的协调发展能力系数，则

$$B = \sum_{i=1}^m B_i \tag{2-11}$$

（4）各子系统承载力的确定。

设 e_{ij} 表示第 i 子系统的第 j 项指标因子的承载力阈值，则

$$e_{ij} = f_{ij} s_{ij} \tag{2-12}$$

其中，s_{ij} 表示指标的实际值与标准值的相对剩余量。设 e_i 表示第 i 子系统的综合承载力，则

$$e_i = \sum_{j=1}^n e_{ij} \tag{2-13}$$

设 e 表示整个系统的承载力，则

$$e = \sum_{i=1}^{m} e_i d_i \tag{2-14}$$

将 B 和 e 的具体值进行比较，采用多指标综合评价法进行确定发展的持续度的强弱。

第四节　节水生态农业可持续发展效益评价

节水生态农业发展模式要求经济效益、社会效益、生态效益、环境效益、景观效益趋向协同增长，形成有机统一的整体，效益好坏、优劣不是评估一下就可以解决的，评估的目的是为了找出影响效益发挥的障碍因子，促进整体效益的最佳有机统一，并为不同或相同的节水生态农业实施区域，在不同时间内，在投资规模、投资方向、技术水平等条件约束下的整体效益的纵向或横向比较提供依据。

一、综合效益指数评价法

在节水生态农业综合效益评估的过程中，对各种效益指标的数量指数化后进行综合评价，计算综合效益指数，以此反映节水生态农业系统结构功能改善的快慢，并为系统内各年间的纵向比较或系统之间的横向比较提供依据。

表 2-3　节水生态农业效益指标体系

准则层	权重 w_i	一级指标层	权重 d_i	二级指标层 x_i	权重 f_i
经济效益	0.30	粮食生产	0.1	人均粮食占有量	0.5
				人均肉食占有量	0.5
		农业发展水平	0.2	非农收入比重	0.3
				有效灌溉面积比重	0.5
				主要农业机械拥有量	0.2
		经济增长	0.5	人均 GDP 增长率	0.1
				人均农业产值增长率	0.3
				农民收入增长率	0.6
		经济结构合理性	0.2	工业化系数	0.4
				第三产业化系数	0.6
生态效益	0.2	生态结构功能	0.3	植物光能利用率	0.6
				主要物种数	0.4
		资源利用效率	0.4	水资源利用率	0.3
				土地生产率	0.7

续表

准则层	权重 w_i	一级指标层	权重 d_i	二级指标层 x_i	权重 f_i
生态效益	0.2	水土保持状况	0.3	旱涝保收田比重	0.3
				中低产田改良比重	0.4
				水土流失治理率	0.3
环境效益	0.15	耕地环境	0.2	耕地变化率	0.3
				耕地有机质含量	0.4
				耕地退化面积	0.3
		农业生产环境	0.5	水环境协调系数	0.3
				"三废"治理率	0.4
				森林覆盖率	0.3
		区域气候	0.3	相对湿度	0.3
				平均温度	0.2
				风沙日	0.3
				区域平均降雨量	0.2
社会效益	0.2	人口素质	0.5	每万人拥有科技专业人员	0.3
				每万人中大学生所占比重	0.4
				平均文化程度	0.3
		区域收入差距	0.2	城乡居民收入差异指数	0.3
				贫困率	0.7
		物质生活满意度	0.3	区域农产品商品率	0.3
				区域产品商品率	0.7
景观效益	0.15	定性打分确定			

利用德尔菲法的专家咨询选择以下因子作为分析系统效益的指标体系。以1997年的各种效益指标数值作为标准年度数值，以后逐年的各种效益指标均与之对照核算，形成指数数值。

节水生态农业系统效益综合指数 $= \sum \sum \sum (\frac{x_{i1}}{x_{i0}} \times f_i) \times d_i \times w_i$ （2－15）

式中，x_{i1}、x_{i0} 为二级指标实际值与标准值；d_i、f_i、w_i 分别为一级指标、二级指标、准则层的权重。

二、节水生态农业系统投入产出效率评价

人们总是向农业系统投入一定的辅助能量抑或是经济资源，通过系统的转

化，输出人们企图得到的农产品，以满足基本的生存需求和经济发展所需要的农业产品。

系统的转化效率反映了系统对资源（无论是人工投入的，还是自然界本身所赋予的）利用程度的一种度量，从中可以透视出农业系统机能和结构。

衡量系统转化效率有两种表达形式，即生物转化效率和经济转化效率，两者相辅相成，休戚相关。生物转化效率反映的是投入与农产品产出之间的关系，而经济转化效率是以经济收益为导向。一般来说，高的经济效率是以高的生物转化效率为基础。但是，高的生物效率（单纯的农产品）未必获得高的经济效率，由于后者受价值规律的支配，同时也受到政府农业政策的影响，两者往往交叠在一起。

对于农业系统来说，担负着为全社会提供最基本的食品服务以及作为国民经济的基础服务于社会经济建设的责任，势必要求两个效率的统一。只有两者相互促进，才能使整个农业系统形成良性循环，不至于成为经济发展的瓶颈。

（一）生物转化效率

生物转化效率综合反映了农产品生产的物质消耗状况。单位物质消耗所产生的农产品越多，表明生物转化效率越高。测度农业的生物转化效率，我们选取以下四个指标，主要农业物质（土地、化肥、水）及人力的投入产出指标：

（1）单位播种面积粮食产量，衡量单位土地生产率的高低，同时反映出粮食生产的"耕地消耗"、耕地利用率的高低和集约化程度。

（2）化肥生产率，是指施入单位化肥量生产农产品的数量，是衡量化肥对农业生产的贡献作用，同时也反映出化肥利用效率的高低。

（3）劳动生产率，即每个农业劳动力所生产的农产品数量，是衡量农业产出的活劳动消耗或占用情况的一个重要指标。

（4）水分生产率，是指每立方水生产农产品的数量，主要是用来衡量水对农业生产的贡献作用，同时也反映出水利用效率的高低。

（二）经济转化效率

农业的经济和社会属性决定了农业生产必须有效率和效益，否则农民不能致富。以效益促生产，增产增收齐头并进，才可以调动农民的积极性，成为农业可持续发展的直接动力。在此，我们选取以下 5 个指标度量农业的经济转化效率：

（1）农业总产值的增长率，是农业经济活力的有效体现。从总体上衡量经济规模的扩张程度。

（2）农民人均收入，是衡量农业生产经济效益的显著标志。它的高低对于农民生产的积极性会产生直接的影响。

（3）农民收入的增长率，是衡量农民增收能力的一个重要指标。增产必须增收，否则增产目标难以得到完全实现。

（4）农业投入产出率，即农业产值与农业物质消耗成本的比率，是测度农业经济效益的一个非常重要的指标。

（5）粮食的保证率，按照人均400千克粮食的基本标准，衡量一个地区粮食生产对该区人口用粮的保证程度。也就是用现有的人均粮食产量与400千克的比率反映出该地区维持人口最基本生存的能力。新疆的粮食保证率较高，达到192%。

（三）节水生态农业系统输出效率综合指数

根据生物转化效率及经济转化效率的指标体系，以综合指数法评价节水生态农业系统输出效率。评价方法如表2-4所示。

表2-4　节水生态农业系统效率指标体系

一级指标	权重 d_i	二级指标 x_i	权重 f_i
生物转化效率	0.45	单位播种面积粮食产量	0.4
		化肥生产率	0.1
		劳动生产率	0.2
		水分生产率	0.3
经济转化效率	0.55	农业总产值的增长率	0.1
		农民人均收入	0.3
		农民收入的增长率	0.4
		农业投入产出率	0.1
		粮食的保证率	0.1

$$\text{节水生态农业系统输出效率综合指数} = \sum \sum (\frac{x_{i1}}{x_{i0}} \times f_i) \times d_i \qquad (2-16)$$

式中，x_{i1}、x_{i0} 为二级指标实际值与标准值；d_i、f_i 分别为一级指标、二级指标的权重。

第五节　节水生态农业可持续发展能力评价

节水生态农业系统的输出功能必须从经济增长、社会进步和环境安全的功利性目标出发，从哲学观念更新和人类文明进步的理性化目标出发，几乎是全方位地涵盖了"人口、资源、环境、发展"的辩证关系。其功能有三大明显特征：

其一，它必须能衡量一个国家或区域的农业"发展度"，即能够判别一个国家或区域农业能否持续、稳定地发展，在实施节水生态农业过程中，由于管理者的素质水平的限制，容易造成一个错觉，即认为发展节水生态农业似乎过度强调停止向自然获取资源，以维持生态环境的质量，而不注重农业经济增长和财富积累，这显然是与生态农业持续发展理论的本质不相符的。其二，是衡量一个国家或区域的"协调度"，它强调发展的内在效率和发展质量，即要求在发展的过程中维持环境与发展之间的平衡、维持效率与公正之间的平衡、维持市场发育与政府调控之间的平衡、维持当代与后代之间在利益分配上的平衡。其三，是衡量一个国家或区域的农业发展的"持续度"，它强调的是农业发展度和协调度上的长期合理性。注重从"时间维"上去把握发展速度和发展质量。它们必须建立在充分长时间上的调控机理之中。

功能体系所表明的三大特征，即发展度、协调度、持续度。从根本上表征了节水生态系统完满的追求。由此可建立节水生态农业系统功能的三维空间模型（见图 2 - 2）。

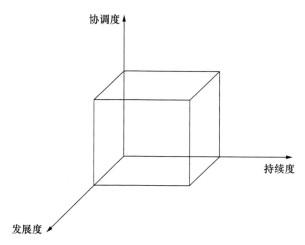

图 2 - 2 节水生态农业系统功能三维图

节水生态农业系统的输出功能指标：农业发展度指数（粮食指数、产值指数、收入指数）、农业持续度指数（水土流失治理率指数、旱涝盐碱治理率指数、水资源利用率指数、粮食增长弹性系数指数）、农业协调度指数（贫困率指数、城乡收入差距指数、科技投入弹性系数指数、工农业剪刀差指数、农业比较利益指数），当这三个指数同步协调发展时，即协调度、发展度和持续度三边围成的是正立方体时，农业发展才是可持续的。

综上所述，节水生态农业的评价主要是从经济发展与生态环境的协调出发的，一方面是衡量经济发展度，另一方面是衡量生态环境对经济的支撑能力。经过多年的发展，人类已经积累了丰富的科学知识，尤其是近几十年来生态学、生物学和地理学等方面的知识得到迅速发展，人们获得了各种类型生态系统的结构、功能、动态和管理方面的数据、信息和其他各种知识。近 20 年来，信息技术以及数学方法的迅猛发展使得节水生态农业各方面进行数据获取和处理不再困难。正因如此，生态与经济、社会协调发展在地区、国家、区域和全球水平上进行评价才是可能的。

第六节　节水生态农业可持续发展建设目标

总目标：发展节水生态农业，确保粮食安全，维护生态平衡，提高农民收入；以节水为突破口，建设完善、高效、无渗漏灌溉网；建成节水生态农业可持续发展体系；解决"三农"问题。其中"三农"问题中除了发展问题，还要注意以下目标的实现。

一、节水生态农业可持续发展系统目标

在原"五好"（好渠道、好条田、好林带、好道路、好居民点）的基础上提出"五化"：农田生态化，林带网络化，节水滴灌网络化，交通道路网络化，居民点的绿化、美化。

灌区"五好"建设，是当时自治区党委第一书记王恩茂同志于 20 世纪 60 年代初，在总结新疆生产建设兵团在 50 年代中期所建机械化国营农场经验的基础上提出的。要求自治区地方灌区要以"兵团方向，公社特点，全面规划，逐步实现"的方针，改造自治区的旧灌区。在全疆范围内，开展了以治水改土为中心，实行水、土、田、路、林、村综合规划建设的群众性建设高潮，取得了显著成效。全疆的国营农场垦区，基本上是按规划进行建设的，截至 21 世纪初，新疆已有 2760 多万亩农田进行了初步的规划建设，形成了渠、路、林、田、居民点配套的新型灌区，大大改善了灌区环境和农业生产条件。

（一）农田生态化

节水生态农业的农田规划，必须为土壤改良措施的实施创造基本条件，要有利于田间节水滴灌网的布置，提高水的利用率，有利于机械作业和排水。因此，农田规格，既要符合农业技术措施的要求，又要符合灌溉技术的要求。

农田内部的土地平整，对提高耕作质量，改良土壤，保证均匀灌溉和作物的稳产高产具有重要作用。平整地段的范围，以条田为单元进行平整。若土地不

平, 地形又较复杂, 应以两个临时畦埂之间, 作为一个平整单元。农田施肥以有机肥为主, 少施或不施化肥, 提高或至少保持土壤的有机质水平, 保证农田的轮休与倒茬。

（二）无渗漏节水灌溉网络化

无渗漏节水灌溉设施设计实现网络化, 提高水的利用率。灌区内各级管道的布置应遵循以下原则: 灌溉系统在保证供水的前提下, 尽量使分水口数量最少, 并设量水设备, 以利于灌溉合理。

（三）林带网络化

农田防护林、居民点绿化林、道路防风林、渠道排碱林、沙漠荒漠林与植被的营造, 形成一个林带网络。农田防护林的作用是防风、生物排水、改良土壤、改变农田小区气候。灌区农田防护林规划必须综合考虑这几方面的要求, 并本着因地制宜、因害设防、农林牧相统一的规划原则, 一次规划, 逐步实现, 以求起到最大的防护效益为前提, 力争达到速生、丰产、经济的目的。

（四）交通道路网络化

新疆各中型以上灌区, 根据服务对象不同, 灌区的道路大致可分为四种: 主干道路, 是从灌区内乡、镇、农场去往灌区外的对外联系主干道。从灌区内各乡、镇、农场通往基层生产单位的对内联系主干道; 要求柏油路通到村口。拖拉机道, 为拖拉机下田作业用的道路。田间道, 为农民或农场职工下地生产与田间管理用的道路。

（五）居民点绿化、美化

灌区内居民点建设应统一规划, 分片、有序, 逐步实现。民用宅基和庭院面积, 根据各乡、村具体情况自定, 一般以 1 ~ 3 亩为宜, 居民房屋视当地情况, 自行设计。居民点的一般要求:

（1）房屋建筑要经济、实用、美观, 既要照顾民族习俗, 符合民族特点, 又要讲究科学, 做到经久耐用, 布置整齐, 宽敞明亮, 通风保暖。随着农村经济的发展和人们生活水平的提高, 逐步提高建设标准。

（2）居住环境要绿化、美化, 干净、卫生, 果园、菜园、庭院、禽舍、畜圈, 要因地设置, 布局适当, 尽可能通电, 有符合卫生条件的饮水设施。

（3）居民点内道路通畅, 桥涵配套, 四周有林带。

二、农民致富目标

（1）满足农民 "一片林、一块地、一群畜禽, 一口井、一套房" 的庄园式家庭农场的建设。

（2）农民收入以 8% 的速度逐步增长。

（3）农民生活消费水平大幅提高，达到小康生活水平。

三、农村可持续发展目标

（1）农业生产结构合理。
（2）农村产业结构合理。
（3）农业产业化布局合理。
（4）农业现代化的实现。

第七节　节水生态农业可持续发展的前景展望

一、节水生态农业可持续发展态势

节水生态农业发展呈现出良好的发展态势，产生这种态势的动力是政策支持、加大投资力度、增强意识和结合区情因地制宜发展节水农业模式。

首先，国家高度重视，为节水生态农业的发展奠定了稳定的政治基础。近年来，党中央、国务院十分重视节水生态农业的发展，在许多次重大会议上，节水生态农业都被提到议程。党的十四届五中全会、十五大报告、十五届三中全会以及朱镕基同志作的《政府工作报告》上，都提出要大力推广节水灌溉。中央农村工作领导小组也将节水灌溉作为一项重要的工作；特别是十五届三中全会提出："把推广节水灌溉作为一项革命性措施来抓，大幅度提高水的利用率，努力扩大农田有效灌溉面积。"江泽民同志 2000 年在视察黄河时强调指出："当前要把节约用水作为一项紧迫首要任务抓紧抓好。改变大面积漫灌这种粗放式的耕作方式，实现农业的集约式发展。"十六大报告中把发展节水型社会放在重要地位。

其次，节水生态农业投资力度加大，为节水农业发展奠定了物质基础。制约节水农业的迅速发展的根本因素是资金。近年来，国家加大了对新疆节水生态农业资金投资力度，节水生态农业的投资从 1996 年的 8000 万元，增加到了目前的 10 多亿元，增长速度很快，各地发展节水生态农业的投资力度加大。

再次，逐步找到了适宜新疆的节水技术。广大科技工作者制出适合新疆的节水技术，并对节水农业发展模式进行了认真总结和推广，效益显著。如渠道防渗和管道输水技术；小畦灌溉和各种喷灌技术（包括管道式、卷盘式、中心支轴式）及棉花、蔬菜和果树等经济作物的滴灌、微喷灌膜下滴灌、自压滴灌、渗灌等技术，还有膜下灌、坐水种、抗旱剂等。

最后，农民积极参与，增添了节水生态农业的发展原动力。节水农业的主体是农民，充分调动他们的积极性，是节水农业健康稳定发展的前提和基础。多年来，由于政府的重视及广大农民节水意识的提高，群众参与节水农业的积极性大大提高，为节水农业发展增添了不少动力。

二、节水生态农业可持续发展趋势

（1）节水生态农业的标准化。由于节水生态农业技术体系不断完善及土地经营规模化的形成，为节水生态农业的标准化提供了良好的基础。未来节水农业技术的实施，不是单项的，而是节水灌溉措施和农艺节水措施有机融合，包括水肥耦合技术、耕作栽培技术、育种技术、覆盖保墒及节水灌溉配套技术、化控节水技术、灌溉技术（喷灌、滴灌、地面灌溉、微灌、深灌、管灌等）等，形成综合节水技术体系，这些技术的实施都是在一定的标准下统一进行。不仅技术标准统一化，而且对作物从下种、收获到销售等一系列环节都制定了严格的标准。保证了农产品的质量安全和产量的提高，提高了农业生产全过程机械化、集约化、规模化程度。达到以水为中心的田间水—土—植物—气系统协调关系，保持降水、地表水、地下水、土壤水和作物水之间适应于农业生产用水要求的相互转化的平衡，求得良好的土壤、水、气、热、盐状况，提高从灌溉水源（或降水）到形成作物产量各个转化环节的水分利用效率。多种措施形成合力，共同推进节水生态农业健康发展。

（2）节水生态农业发展是解决"三农"问题的有效途径。经过多年的节水生态农业示范区的实践证明。在解决"三农"问题上取得了很大成效。农民收入提高、生态农业发展良好趋势显现、农村的生态环境得到改善，农村社会经济实力大幅度提高。通过对石河子垦区示范点的调查，实施节水生态农业后，农业产值从 2000 年的 1414310 万元增加到 2012 年的 8020942 万元，农民人均收入从 3436 元提高到 8760.4 元。

（3）节水生态农业产业化。随着节水生态农业规模不断扩大和社会分工的逐步专业化，节水生态农业发展必然走向产业化。节水生态农业产业化包括两方面：一是节水设备的产业化和节水服务产业化；二是农业生态产品的产业化。

（4）节水模式多样化。在节水生态农业发展过程中，多样化节水模式在不同自然条件、社会条件和经济条件中存在一定的差异，节水模式选择也必须因地制宜，不同土质、不同作物也会导致节水模式多样化，投资小、见效快、易管理、农民愿意接受的节水模式将获得长足的发展。

（5）高效的节水管理科学化。科学的管理在节水生态农业的发展中将占据重要的地位。节水生态农业发展的潜力 50% 是在管理上。因此，必须建立和完善投资政策、水价政策、法规制度和农业水资源管理体制，促进节水生态农业的发展。与此同时，节水管理技术将发挥补充作用，即根据作物的需水规律，控制、调配水源，最大限度地满足作物对水分的需求，实现最佳的农田灌溉制度。

（6）21世纪生物节水技术将逐步取代当今工程节水技术的主导地位，形成以生物节水为中心的节水生态农业系统。节水生态农业持续推进的战略措施，宏观上进行技术创新和制度创新，培育灌溉水市场和节水技术市场两个市场，推广灌溉农业类型区"输水工程＋常规节灌＋水价控制＋生态农业"节水生态农业和旱作农业类型区"集水工程＋现代喷微灌＋农艺措施＋生态农业"节水生态农业两个模式。

第三章　兵团节水生态农业技术创新

第一节　农业技术创新的理论分析

1912 年，熊彼特在《经济发展理论》中首次提出创新（Innovation）概念，1925 年，在《资本主义的非稳定性》中，熊彼特提出创新是一个过程，并在1939 年出版的《商业周期》中较全面地提出了创新理论。熊彼特是在瓦尔拉斯一般均衡理论基础上创立了"动态的经济发展理论"，认为经济增长过程是经济从一个均衡状态向另一个均衡状态的移动过程，经济的均衡状态是通过企业家创新来打破的。

随着技术创新研究领域的不断深入，技术创新理论逐渐渗透到政治、经济、文化等不同领域，不同领域的学者从不同的角度对技术创新理论进行了全新的阐释。在农业技术发展方面，形成了一些比较有代表性的假说或理论。

舒尔茨（1964）认为：只有通过技术变革，提供新技术、新品种、新动力等，才有可能实现农业经济的增长。传统农业不可能提高其产出，除非引入技术革命，并且同样重要的是，如果符合当地条件，作为有效率的资源配置者，他们会引入这些改革。帕金斯（1984）在对中国农业 600 年的研究后所得出的结论也与舒尔茨—霍伯假说相吻合。19 世纪末，日本粮食产量的迅速增长，是通过"最好"的传统技术从先进地区向落后地区推广而取得的，1368～1968 年，在"最好"的技术方面，中国则很少改进，也没有什么"最好"的技术明显地从"先进"地区向"落后"地区的传播。

拉坦等（2010）提出了包括资源禀赋、文化状态、技术和制度 4 个因素共同作用促进农业发展的模型，其中技术创新是诱致性创新的核心因素。农业技术转移最好通过提高当地实验站的能力（如研究、发展和传播能力），而不是以特定技术与实际投入这些形式进行。农业研究基地的发展应主要在公共部门，且应以市场而不是计划为导向，因为价格能有效地反映商品需求和供给的变动，并且农民、公共研究机构和私人的农业供给商之间存在着有效的互助关系。

农业踏板原理认为，在利润的驱使下，农户会率先采用新技术，后继者会被迫采用新技术，结果导致供给曲线向右移动从而消除了新技术带来的超额利润的现象。内源发展理论认为农民是农村社区发展中的动力，即任何发展的原动力都来自社区的内部，来自社区的主体——农民。农民对技术的获取是一个主动的过程，即农民根据自己的生产、生活需要来主动寻找技术并采用技术，即动力来自农民。因为农民对其生产、生活环境有他们自己独到的认识，为了生存及发展，他们拥有相当丰富的技能及对事物的判断和生存发展策略，即在发展领域被称为"乡土知识"的农民在发展中有很大的潜力，这必须得到认同，而不能认为农民只是被动的发展对象。在这种情况下，政府推广体系应该只是一种服务，即根据农民的需要提供咨询服务。

第二节　兵团采用的主要节水灌溉技术及技术创新

节水灌溉技术的发展经历了早期的地面灌溉技术研究到 20 世纪 60～70 年代的渠道输水技术研究，再到 80～90 年代的节水设施灌溉方法研究的不同阶段。在不同的历史时期，研究的方法、侧重点不同，因此节水灌溉的内涵也表现出一定的差异。理论学者普遍达成共识的是：节水灌溉包括节约用水和高效用水两方面的内容，节水灌溉技术包括输水技术、配水技术和田间用水技术三个方面。灌溉农业通过节水灌溉制度和减少输配水损失实现节水增效，其宗旨在于提高灌水效率和灌溉收益。

灌溉是将地下水和地表水转变为农业用水的过程，灌溉可以提高农作物产量，延长作物生命周期，或者使干燥季节或地区农业生产成为可能。依据传送水的能量差异，可大致地将灌溉技术划分为两类——加压配水和自流配水。加压系统包括喷灌、微灌、滴灌及通过加压管道网向农田输水和配水的一系列类似系统；自流系统在田间通过一个地表漫流系统输水和配水。在此，将加压系统称为现代技术，自流系统称为传统技术。目前新疆应用较多的高效节水灌溉方法有以下几种。

一、喷灌技术

喷灌是指利用专门的设备将有压水送到灌溉地段，并喷射到空中散成细小水滴，均匀地散布在田间进行灌溉。喷灌系统一般由水源工程（包括水泵和动力）、输水管网（包括控制件与连接件）、灌水器（喷头）三部分组成。喷灌系统可分为固定式喷灌系统、半固定式喷灌系统和移动式喷灌系统。喷灌适用于各种作物，不要求地面平整，可用于地形复杂、土壤透水性大都进行地面灌溉有困难的地方。喷灌比地面灌溉可省水30%～50%。但喷灌要求有一定的机械和动力，因而投资较大，技术也较复杂。

从20世纪70年代起，新疆不断地探索适合本地区的高效喷灌形式，形成了一定的规模，积累了很多成熟的经验。1999年底发展机组式喷灌7700公顷，其中国产机组式喷灌7080公顷，占机组式喷灌面积的92%，设备主要来自江苏、上海、西安、哈尔滨等地；引用国外机组喷灌620公顷，占机组式喷灌面积的8%，主要来自日本、美国、奥地利、法国等公司。半固定式喷灌系统喷灌5.22×10^4公顷，其设备大部分为国内产品，喷头从河南郑州购进较多，也有部分从美国雨鸟公司购进。半固定式喷灌目前在博乐农五师地区应用较多，该地区春季风沙大，地膜植棉、地膜植甜菜极易发生掀膜危害，所以他们创造了先播后喷技术，既供给种子萌发、生长用水，也将地膜周围贴于地表，而膜间的土壤被湿润，则大大减轻了风沙危害，取得了很好的经济、生态效益。半固定式喷灌还应用在额敏地区的"山旱地"，在有水源处利用坡降的落差压力进行自压喷灌，效益也很好。

（一）喷灌优点

（1）省水。喷灌系统的引水渠自太平干渠进水，在实施喷灌前，地面灌溉也是引自太平干渠，从引水的支渠计，地面灌溉春小麦年耗水量为6000立方米/公顷。按设计全生育期喷水量2160立方米/公顷计，仅为畦灌耗水的36%，全系统可省水300多万立方米，解决了农业的缺水问题。从几年的观测试验结果看，喷灌春小麦全生育期只需喷水5～6次，每公顷耗水1650立方米左右，省水率更高。

（2）增产。喷灌适时适量，能满足作物生长需要，又没有深层渗漏，土壤疏松透气；喷灌水能冲去叶面灰尘，有利于植物光合作用；能改善小区域气候。这些因素均促进作物生长。在同样种子、肥料及管理情况下，土地逐渐变成保水、保肥、保土的三保田，呈现良性循环。如农五师81团土壤沙性重，保持田间持水量不低于65%，棉花一生喷水8次左右，每次不超过450立方米/公顷，共3600～4200立方米/公顷，增产12%左右，水效益提高150%，土壤含盐降至10克/千克左右。

（3）省工。由于喷灌区地面坡度大，且起伏不平，在地面灌水时，为了使水流分散避免冲蚀土地，浇水前要在地里筑分水埂。实现喷灌后只需打开供水阀，2～3个小时才移动一次喷水装置，工作强度小，妇女及弱劳力均可胜任。平整土地的任务十分艰巨，800公顷约需48万个工日，喷灌则无须平整土地，喷灌系统建设仅用了4万多个工日，节约劳力40余万个工日。

（4）节约土地。在采用地面灌法时，如果地面纵坡大，为使灌水及时、均匀，每 70~80 米就要开一条灌水毛渠，毛渠占地宽一般为 3.0 米，该系统内这种渠共占地大约 40 公顷，占总面积的 5%，不同宽度的洪水沟占地约为 8.3%。两项合计占地 13.3%。实现喷灌后，原来的洪水沟稍加平整即成良田，喷水的工作小径，路面仅 1 米宽，加起来占地约 4.5 公顷，占总面积的 0.56%，这样，土地利用率提高了 13.74%，合 110.0 公顷。

（5）便于机械作业。在实现喷灌以前，为了灌水，渠修得多，渠之间的地块呈台田状，机械作业受到限制。实现喷灌后将灌水沟填平，台田的边坎修成缓坡，农业机械作业十分方便。

（6）不消耗油、电能源。有人把自压喷灌系统称为农田自来水系统，是很形象的。当按计划灌溉时，架好支架及喷头，连接软管，打开闸门，水就均匀洒向田间，不耗电，不耗油，管理操作方便，无机械故障之忧。

（二）喷灌缺点

（1）喷灌对作物生长生态环境影响较大，在高温干燥的天气喷灌对作物更有利，但散失严重。在棉花盛花期喷水宜在下午及夜间进行，否则易引起花粉吸水破裂影响授粉。对棉角斑病有加重趋势，需注意种子处理，消除病源。由于半固定式喷灌机械性、自动化程度低，搬迁、拆装工程量大，都给农场职工带来较多困难。

（2）单位面积造价高，20 世纪 80 年代每亩造价 150 元左右，现在由于原材料涨价，每亩造价已达 300 元左右。

（3）由于是政府投资喷灌设施，农民个人受益，没有把经济效益用在扩大再生产上。由于贷款要归还，喷灌地收费高，喷灌户收入不高，积极性受到影响，喷灌作物单产不够高，所以喷灌经济效益没有充分发挥出来。

（4）喷灌作物的灌溉制度研究不够，在喷灌条件下，作物有变化，灌水制度如何促成作物更好生长，都有待进一步研究。

二、低压管道灌溉

低压管道输水灌溉系统是近几年来在新疆迅速发展起来的一种节水节能的新式地面灌溉系统。它利用低耗能机泵或由地形落差所提供的自然压力将灌溉水加低压，然后通过低压管道网输配水到农田进行灌溉，以充分满足作物的需水要求，因此，在输、配水上，它是以低压管网代替明渠输配水系统的一种农田水利工程形式，所以被群众称为"田间自来水"；在田间灌水上，通常采用畦、沟灌等地面灌溉方法。低压管道输水灌溉由水源与引水取水枢纽、输水配水管网、田间灌水系统和管灌系统附属建筑物及装置组成。这种灌溉具有节水、节能、省地、省工等优点。通过对 1991 年所建成的低压管道灌溉点的测试，计算得知低压管道建设平均亩投资 80 元，亩节水 280 立方米，亩节电 56 千瓦/小时，节水率为 38%，节电率为 37.5%，管道输水省去农渠一条，填平废渠增加土地面积 1.5%。例如，大泉湾乡疙瘩井八队，原有一眼机井，抽水电动水泵功率为 15 千瓦，出水量为 80 立方米/小时，农渠长 800 米，原来灌溉一亩地需要抽水 80 分钟，约 100 立方米水，建设低压管道灌溉系统后，灌溉 1 亩地只需 50 分钟，耗水约 67 立方米。

三、膜上灌

膜上灌是指在采用薄膜覆盖技术时，在薄膜上布置孔眼，水在膜上流过孔眼渗入土壤，补给作物水分，既节约水分，又可使灌溉均匀。

（一）膜上灌优点

（1）节水效益显著。灌溉水从膜上流，速度快，水从放苗孔和渗水孔向作物供水，施水面积仅为畦灌面积的 2%～3%，灌水量仅为作物生长所需要，无深层渗漏损失。膜上灌是局部灌溉，非进水处被地膜覆盖，蒸发受到抑制，蒸发大大减少，作物耗水量用于叶面蒸腾，棵间蒸发很少，节水效果十分明显，节水率为 40% 左右。

（2）灌水质量好。灌溉水从放苗孔渗入，再向周围土壤扩散，土壤含水量由主根向外围逐渐减少，土壤含水量与植株根系分布相吻合，能充分满足作物生长的需要。膜上灌的土壤含水量可达到田间持水量的 95% 左右，沟灌只能达到 70%～80%。121 团场做一次灌后土壤含水量对比试验，在沟灌比膜上灌亩耗水量多出 34.9 立方米的情况下，土壤含水量大多优于沟灌，0～40 厘米土层是植株根系主要分布带，土壤含水量充分；而且膜上灌纵向均匀度可达 0.83，沟灌则只有 0.73，横向均匀度也高，有利于作物群体生长。

（3）增产效益明显。膜上灌在作物生育期地面被地膜覆盖，膜下土壤白天积蓄热量，晚上散失较少，土壤中的水分在膜下进行小循环。湿润表层土壤，减少蒸发，发挥了地膜早期增温的作用，保墒效果好。通过观测对比，灌水前后 7 天，膜上灌积温比沟灌高 2.3℃，平均每日增温 0.33℃。膜上灌是局部浸润灌溉，土壤疏松不板结，能保持土壤团粒结构。膜上灌的耕作层土壤中水无流动现象，没有土肥流失的情况。这些条件都有利于作物生长，出苗率高，植株发育好，因而产量高，增产率达 20% 左右。

（4）省工。畦灌时 0.2 立方米/秒的水量灌棉花地需 7～8 人，忙乱还浇不均匀，应用膜上灌技术只需 2～3 人。实行沟灌时每工日只能灌 23 亩地、膜上灌每工日可灌 42 亩，灌水效率提高了，劳动强度减轻了。

（5）作物成熟早。膜上灌的作物可以提早成熟，喀什地区实践证明，玉米膜上灌全生育期 111 天，不铺膜的需 124 天，提早成熟 13 天；棉花膜上灌全生育期 163 天，沟灌是 178 天，提早成熟 15 天。乌鲁木齐市安宁渠乡，蔬菜采取膜上灌的方式，由于地温增加，可以提前 20 天上市，并可延长生育期 1 个月，对解决城市居民吃菜问题大有好处。

（二）膜上灌缺点

（1）膜上灌的施水量难以控制。膜上灌的施水量是通过放苗孔、渗水孔、渗水缝实施的。施水量的多少与孔径大小、孔距、缝宽度、水层深度、水流速度、土壤性质、膜下有无阻水物等因素有着密切的关系，目前从理论上还无法计算。而且放苗孔的作物秸秆不断变粗，渗水孔径不断减小，地膜在田间受风力、人踩等机械作用，成片撕裂，失去隔水作用，植株灌溉水量的控制难以实现。

（2）膜上灌方法与传统配水方法不协调。农村当前灌溉配水，多为大水定时灌溉法，一股水限定时间灌完承包地，农户在限定时间内争分夺秒，力争多灌一些水。而膜上灌是小水渗灌，渗水时间短则不能浸润足够的土地，需要在灌水制度上研究一套方案，才能使膜上灌适应生产的需要。

（3）灌溉均匀度不易掌握。如果从膜上灌的进水口控制入膜水量，达到作物生长的需水量，因渗水孔的变化和其他因素的影响，灌溉均匀度难以控制。

（4）膜上灌对农机要求高。大面积推广膜上灌，必须配备铺膜整畦机械、膜上点播机械，这些机械要达到较高的技术要求，以求膜上灌效果良好。

四、闸管灌技术

闸管灌技术及农七师于 2000 年从水利科学院引入，原为意大利技术，2001 年正式试验，主要是利用塑材制成能移动使用的输水管及闸门，减少输水过程的渗漏损失，并能较好地控制灌水量。如果结合波涌灌技术，更是一种投资少、农民可以自行应用的水分高效利用技术。若再采用一套设备多户应用，投资成本会更低。

五、膜下滴灌技术的创新研究

滴灌是指通过低压管道系统与安装在末级管道上的微喷头或滴头，将水和养分均匀、准确地直接输送到作物根附近的土壤表面或土层中进行灌溉。滴灌系统一般由水源工程、首部枢纽、输配水管道网和灌水器四部分组成。滴灌系统可分为地面固定式滴灌系统、地下滴灌式滴灌系统、移动式滴灌系统和间歇式滴灌系统。滴灌属于局部湿润灌溉，即只湿润作物附近的一部分面积，它比喷灌更省水。

新疆将滴灌技术与薄膜覆盖栽培技术相结合并大面积应用于棉花生产，是从1996年开始的。在大田作物上从试验示范到大面积推广使用，迄今只有5年时间，其发展速度之快超过其他任何一项节水技术在新疆的推广应用。1996年，在石河子121团种植了4公顷的膜下滴灌棉花，当年棉花产量比当地常规沟地膜棉花增产50%。2011年兵团推广面积达到1100万亩。

　　农田膜下节水滴灌是能防止强烈蒸发和杜绝田间渗漏的灌溉技术。滴灌带在地膜下进行滴灌，作物播种在地膜覆盖部分，地膜之间的裸露地面不播种。水滴进入土壤表面后，整个耕层不像传统灌溉那样呈饱和状态，而呈不饱和状态，最大含水量只能达到田间持水量，没有很快向下渗漏的重力水，水分子由于土粒表面的吸附力从四周向下迁移，耕层土壤中空气依然存在。水滴滴入土中后，形成一个以水滴滴入土处为中心的湿润球体或椭球状，球体表面称湿润峰。滴灌带隔一定距离（20厘米、30厘米、50厘米）一个滴头，每个滴头形成的湿润球体互相重合成一个湿润带，湿润带上覆盖着地膜，只有植株根部很小的裸露地面和地膜偶然破裂处有地面蒸发，在两条覆膜中间的裸露地面，没有滴水，只有少量蒸发。这样，膜下滴灌防止了传统灌溉地面的强烈蒸发，同时大大降低了盐碱在耕作层表面的积累。

六、膜下滴灌的技术效益

（一）膜下滴灌有利于根系发育

　　膜下滴灌是一种局部供水方法，主要特点是灌水少量多次，土壤湿度一直维持在田间持水量的65%～85%，由于地膜覆盖的缘故，土壤中水分循环十分迅速，因此，膜下滴灌根系的发育显著有别于常规灌溉。由于地膜覆盖后的保墒效应，表层水分明显高于露地栽培，且水分微循环十分迅速，因此棉花根系侧根发生早，离地面近，呈水平分布，浅层侧根多而密集，深层少而稀疏，形成上密下疏、分布不均的伞状根系。

　　由于滴灌对水分供应更及时，土壤水分状况更加有利于作物发育生长，加上滴灌水分主要分布在60厘米以上土层，这些特点使膜下滴灌的根系量在全生育期一直最大。根据试验表明，滴灌棉花棉株根系快速生长时期比其他灌溉方式下少2天，说明膜下滴灌棉株的生育进程快于其他灌溉方式，棉花膜下滴灌技术的这种特性有利于棉花提早成熟，很适合在北疆积温偏低的地区应用。

（二）膜下滴灌提高了作物出苗率

　　新疆春季气候干燥，大风天气较多，土壤水分散失快，生产单位常常由于机力不足、播种时间较长等原因，使部分地块播种前土壤墒度变差，播种后种籽萌发困难，难以做到一播全苗。采用膜下滴灌技术后，对于底墒不足或者表层干土层太厚的田块，实行播后滴水补墒出苗，容易达到苗全、苗齐的目的，进而为留匀苗、培育壮苗打下基础。据石总场良种一连 3 号条田调查，滴灌棉田的出苗率达到 95.6%，比对照田出苗率高 16.3%，收获株数达到 17.55 万株/公顷，比对照田增加 2.7 万株/公顷。

（三）膜下滴灌提高了作物的群体光合能力

采用合理的膜下滴灌技术，解决了作物不能适时适量供应水分问题，保证了作物群体生理生态对水分适时适量的需求，这是棉花膜下滴灌技术能够高产稳产的实质所在。水分的持续适度供应，保证了棉株光合作用持续有效地进行，使作物保持稳定而高涨的光合能力。

（四）膜下滴灌干物质积累多

膜下滴灌与常规地面灌溉相比，干物质积累是从盛花期开始表现出明显差异的。如棉花至盛铃期，棉花膜下滴灌干物质积累比地面常规的棉花增加 18.9% ~ 45.1%。吐絮期时，干物质积累比常规地面灌溉多 27.1% ~ 44.3%。7 月是棉花大量开花结铃的关键时期，也是棉花对水分需要最敏感时期。采用膜下滴灌技术后，保证了水分供应持续正常进行，也保证了干物质积累及其分配的协调性，为棉花的高产打下物质基础。

（五）膜下滴灌压盐、洗盐机理

膜下滴灌完全改变了灌溉水的运移规律。作物根系生长在湿润峰为半圆或椭圆湿润带内，这个带的核心区域，由于水的运移方向是径向，把原来耕层的一部分盐分排到湿润峰附近，耕层中的平均盐水变成了中部的排盐区和边缘的积盐区，植株根系在排盐区发育，根毛吸收水肥后，通过叶片蒸腾，这样膜下水分运移轨迹是在土壤中自上而下的植株中自下而上地循环。农田的耕层盐分运移规律是：膜间和膜下下层土壤增加、膜下耕层主根区减少。平均地说，每一次滴灌，都有向主根区以外的排盐作用，每年滴灌都有向耕层以下土壤的压盐作用。对植株生长来说，排盐当年有利，压盐年年有利。在同一块撂荒地、低产田、中产田、高产田的连续几年实验中发现，地越差增产幅度第一年越大，而且年年增产，三四年后撂荒地与高产田的产量接近。看来增产的主要原因是排盐压盐作用。

中科院新疆生态与地理研究所专家介绍，经过几年的研究与示范，农户型棉花膜下滴灌栽培技术模式取得突破，该技术的应用具有明显的节水、增产效果。在高密度种植模式下，棉花收获株数较常规提高 5.08%，成铃率提高 33.38%，单铃重增加 4.25%。较常规灌溉节水 65%、节肥 46%、增产 37%、节地 7%，水分利用效率（皮棉产量）由常规灌 0.18 千克/立方米提高到 0.66 千克/立方米。该技术已被作为南疆高产棉区未来主要推广的节水技术。但由于滴灌栽培技术模式每亩需增加投入 380 元，需较高的管理技术，不适宜在分散的棉农中推广。为此，该所又研究出低成本棉花膜下自压软管灌溉高产栽培技术。

表 3 – 1　不同灌溉技术的成本与效益比较（以种植棉花为例）

灌溉技术	灌溉定额 （立方米/亩）	一次投入成本 概算（元/亩）	棉花产量 （千克/亩）	运行费用 （元/亩）	水产比 （千克/立方米）	籽棉增产量 （千克/亩）	备注
沟灌	400 ~ 500	—	250	—	0.5 ~ 0.6	—	石河子
闸管灌	350 ~ 400	9 ~ 12	280 ~ 330	9 ~ 12	0.6 ~ 0.8	3 ~ 4	农七师
喷灌	300 ~ 320	500 ~ 600	300 ~ 330	10 ~ 15	1.0 ~ 1.1	20 ~ 25	农五师
膜下滴灌	250 ~ 280	400 ~ 450	330 ~ 350	200	1.2 ~ 1.4	50 ~ 60	121 团

注：①各节水技术系统投入均按现有最低成本计。②棉花产量按多年各灌溉技术的平均产量计。③水产比用每立方水产籽棉来表示。

资料来源：赖先齐. 新疆绿洲农业学 ［M］. 乌鲁木齐：新疆科技卫生出版社，2002.

第三节　兵团科技发展存在的问题

一、兵团科技经费投入强度和科技人力资源总规模有所增加，但结构不合理

兵团国有科研单位科技经费投入从 1995 年开始投入力度加大。从 1995 年的 342 万元增加至 2012 年的 20942.6 万元，增加 60 多倍，年平均增长 22%，超过国民经济增长速度。但科技经费投资结构明显偏向单位自筹，国有科研单位国家拨款的比重由 1995 年的 70.47% 降为 2012 年的 26.42%；单位自筹资金比重由 1995 年的 30% 上升到 2012 年的 72.02%。1995 年大中型企业的科研经费筹集金额为 1024 万元，上级拨款比重为 9.76%，单位自筹占 65.33%；2012 年大中型企业的科研经费筹集金额为 4999 万元，上级拨款比重为 4.56%，单位自筹占 68.13%。

兵团国有单位专业技术人员 20 年来增加 48511 人，每万人拥有专业技术人员由 1994 年的 584 人减为 2000 年的 537 人。从总规模看，工程技术人员、农业技术人员和卫生技术人员的总数都在增加，但只有从事科学研究人员总数不但未增加，反而从 1994 年至 2000 年降少了 213 人，比重由 0.65% 降到 0.48%。

兵团国有科研单位科技人员由 1980 年的 1055 人增至 2000 年的 2640 人，比 1980 年增长 1.5 倍。国有科研单位从事 R&D 活动人员只增加了 11 人，但占专业

科技人员比重由 1994 年的 43% 增为 82%。

二、科技投入的增长速度很快，但总量仍然较低

科技投入的增长速度很快，但总量仍然较低，与"十五"期间经济在结构调整、国内国际竞争压力下对科技发展的需求仍难以相适应。R&D 活动的总体水平不高，基础研究经费所占比重多年来仅为 0%～0.2%，加上应用研究，整个科学研究的比重只占 11.4%，而其他国家一般在 40% 左右，这使得科学研究对技术创新的支撑作用较弱。

三、企业科技投入总规模虽有显著增长，但投入强度仍然很低

1999 年大中型企业技术开发人员折合全时人员为 381 人年，具有高中级职称及大学本科以上学历的人员有 142 人。技术开发经费支出总额达到 4830 万元，用于开发新产品的经费 2496 万元，占技术开发经费的 51.68%。多年来，兵团大中型工业企业用于新产品技术开发经费占销售收入的比例一直在 0.35% 左右，大多仅仅限于产品与工艺的开发，使得企业难以掌握核心技术，新产品销售收入只占全部工业产品销售收入的 0.47%，对外部技术的吸收能力也较差。企业技术创新能力和竞争力的提高，还有赖于企业科技投入的进一步提高。"十二五"时期，兵团在政策上和投入力度上，要采取切实可行的措施，保证 R&D 活动的总体规模不断扩大，水平逐步提高。科技信贷规模偏小，企业虽然自筹科技经费比重较大，但科技经费自筹能力十分有限，只能进行一些短、平、快项目，乃至低水平重复的项目开发，难以提高企业的技术开发档次。

四、项目资金重复投入与使用分散

由于科研单位之间、科技项目下达单位之间缺乏信息沟通，以及项目决策的不科学，使得一些科研项目重复立项，造成了科技财力资源的浪费，基础设施不能充分共享。因此，兵团科技的发展需要平台，专门科研机构的建设很有必要，机构研究器材、研究工具等基础设施建设也很关键，有了这些良好基础设施，并充分利用这些设施，兵团科技研发才能取得更大的进步。

五、产学研脱节

科技产出在兵团科技发展上是一个短板。为了提高兵团农业科技能力，提高科技产出，特别是高质量产出，必须制定一些奖励措施，这些奖励措施可以促进一些高质量产出。另外，注意科技产出的实用性，立足实际，解决实际问题。兵团科技要走"产学研"结合的路线，注重科技的应用。如果科技成果不能很好

地转化，则谈不上科技的发展，在转化的过程中，应考虑实际的需要，兵团通过一些实用性的课题实验和企业紧密结合，走出一条产业化的道路。

第四节　兵团节水生态农业技术创新的主体界定

节水生态农业技术创新主体是指直接参与节水生态技术创新活动的组织机构和人员。按照这一界定，可以从农业技术创新的线形过程对其主体加以识别。节水生态农业技术创新的主体是多元的，直接参与技术创新的主体主要有政府、技术研究开发机构、技术传播机构、企业、农业技术推广机构、农民和农业生产企业六大类。上述主体在节水生态农业技术创新体系中的作用和地位各不相同。

（1）政府，包括中央政府到兵团及团场的各级准政府。对节水生态农业技术创新起作用的主要是中央政府、兵团、师、团等机构。对节水生态农业技术创新有导向、行政管理监察、环境塑造、制度供给、投资等作用。对节水生态农业技术创新活动给予导向和提供资金，是兵团节水生态农业技术创新的主要资金资助者。

（2）技术研究开发机构，主要包括师农业科研院所、高等院校、企业的技术研究开发机构等。其主要作用是从事新技术研发、研制工作，提供新技术成果，是农业技术创新体系的创新源和知识源。上述组织不仅担负节水生态农业知识创新和技术创新的任务，提供农业新技术产品或服务，而且通过教育和培训，为兵团输送创新人才，加速知识和技术向兵团的传播、扩散。同时，担负着部分农业技术传播和推广的任务。

（3）节水生态农业技术传播机构，主要是兵团、师、团各级农业节水技术推广站、生产力促进中心、兵团节水办、农业技术示范区等，以及相关中介服务组织。他们主要起传播技术的供求信息、技术研讨和交流、沟通信息的作用。公益性传播机构无偿地提供、传播节水生态农业的技术信息和市场信息。营利性机构则为节水生态农业技术和市场信息传播提供有偿服务，靠收取信息服务费维持运转，获取利润。

（4）企业。以天业集团为代表的相关企业借鉴了以色列的节水设施，创新地开发了适合自己的节水设施，成为全国最大的节水设施生产企业。这些企业主要从事农业节水技术的开发、推广与销售工作，为节水生态农业的发展奠定了良好的发展基础。

（5）农业技术推广机构。兵团主要的农业推广机构有兵团农业局、兵团农业技术推广总站等机构。

（6）团场。团场及农户是农业技术应用的主体。团场利用其行政、组织、经济的优势对农户采用节水设施起到了重要的作用，是农业技术转化成生产力的终端环节和关键环节。

第五节　提高兵团农业科技竞争力的对策研究

一、发展科技应遵循的原则

兵团经济的发展以科技进步为主导因素，是科技与经济的统一，是覆盖全社会的宏大工程。展望对 21 世纪的发展形势，兵团在实施科技兴兵中应注意把握好以下原则：

（1）优先发展自然资源转换为经济优势的科学技术。由于兵团经济实力的制约，目前应选择最能发挥新疆自然资源优势而研究工作基础较好的农牧业。应加强特色农业的种植、加工等基础性研究，集中力量在重点领域实现知识创新和技术创新，争取形成这些领域的科技优势和自主知识产权，促进以优势自然资源和优势科学技术为依托的优势产业的发展，并带动其他领域的科学技术进步。

（2）采用常规技术与高新技术相结合的产业技术发展路线，促进产业技术进步和产业结构的优化升级。根据兵团现有的科技技术实力来看，应大力发展先进的常规技术，开发关键、共性技术；在现代农业中，强化技术改造，用高新技术提升传统农业的技术水平、管理水平和产出能力。

（3）把技术引进和技术消化的有机结合作为实现技术跨越发展的根本途径。在兵团科技水平比较落后的条件下，应积极引进新疆需要的关键的先进技术，将在消化吸收基础上的二次开发利用及组装配套作为兵团技术创新的基本内容，把引进技术的消化吸收作为提高自主创新能力的一个主要手段，使自主创新建立在新的技术水平基础上；要加强技术的搜索和选择，重视引进技术与原有技术的匹配与衔接，并把技术创新融入农业技术工程的全过程，提高农业技术工程的水平和效果，防止出现重复引进。

（4）加强农业科技成果转化和科技基础建设。加速科技成果向现实生产力的转化，强化中间环节，大力培育和发展技术市场、信息市场、人才市场，建立和健全社会化科技服务体系，提高科技成果转化的规模效益。在现有基础上，装备或重新组建具有优势特色的若干重点实验室，加强和新建一批技术研究中心、生产力促进中心或技术服务中心，建设和发展科技信息、管理、服务网络，形成一批农业产业化示范基地，培育和发展技术市场，壮大技术经纪人队伍和中介服务组织，加强与科技密切相关的种质资源库、数据库、技术标准的建设，加强或成立实验动物中心、遥感中心、干旱区资源环境中心、科技信息中心等机构。

（5）在深化改革中建立农业科技与经济紧密结合的新体制和运行机制，解决好面向"自主"和"依靠"两方面的问题；在全方位开放中扩大同国内外的经济、技术合作与交流，积极引进所急需的技术、智力、人才和资金；尊重知识，尊重人才，创造人尽其才、人才辈出的社会环境，形成学科技、用科技的良好社会风尚；加速教育体制改革，大力发展教育和培训，促使劳动者的数量、素质和结构适应科技兴新的需要。

二、采取的重大措施

（一）加强领导，转变观念，全面推进农业科技工作

充分发挥各级党委和政府在科技中的领导作用，要把农业科技发展作为兵团社会、经济发展战略的主要内容认真抓好。各级行业主管部门在制定规划、研究决策、指挥生产、组织基础设施建设和重大资源开发项目时，必须充分发挥科学技术的作用。

科技实力在改革与发展中不断增强。一是转变职能，规范管理，实行"宏观管住、微观放活、综合协调、全程服务"。先后制定下发了《兵团科技三项经费管理条例》、《农业科技攻关管理办法》、《科技成果管理办法》等多个行政法规文件，同时形成了以科技攻关计划、星火计划、丰收计划、成果推广计划、科技扶贫计划、科技示范、农业标准化和科技培训等计划组成的科技计划体系。二是健全科研机构，壮大科技队伍，形成了门类和学科比较齐全的科技体系。三是在"稳住一头、放开一片"和"依靠、面向"方针指引下加大科研院（所）改革。重点推行科研院（所）长负责制，优化结构，合理分流，项目招标和课题承包责任制，科技开发和服务有偿化等。

（二）把推动农业科技进步的成效作为考核各级党政领导干部和行业主管部门领导业绩的重要内容

在全兵团范围内继续实施各师、团党政领导科技进步目标责任制，开展科技创新工作先进师、团和科技兴行业（厅、局）的创建考评活动。

（三）强化财政对农业科技的投入，落实已经做出的各项农业科技投入政策和决定

调整财政支出结构，提高科技拨款在财政支出中的比例。各级财政的科技三项费用拨款的增长速度要高于本级财政支出的增长速度，贫困团场科技三项费用占本级财政预算支出的比例不得低于3%，并力争逐年有所增加。

在基本建设、农业综合开发投资经费中，划出不低于2%的资金用于解决相

应的科技问题，企业应成为科技投入的主体。对重大科技引进项目，要安排一定数量的资金用于技术的消化、吸收、创新，组织实施引进、改造、创新"一条龙"项目。

（四）设立以财政经费作引导，企业、银行与社会资金为主体进入的农业科技风险投资基金

加大对高新农业技术的风险投资和贷款担保的力度，同时要建立高新技术企业产权、资本交易市场，完善风险投资的退出机制，促进风险投资机制的形成。支持已转制的科研院所联合体或与大型企业集团、大型民营科技企业优势资源重组形成的联合体上市融资。

（五）完善政策法规和科技服务体系

（1）制定和完善有关促进农业科技发展的法规和政策，包括投融资政策、风险投资政策、人才政策，支持农业科技创新、科技成果转化和高新技术产业化政策，支持科研院所改革政策，保护知识产权政策等，为兵团科技发展创造良好的政策环境。

（2）建立和健全科技服务体系。继续办好各种类型的科技服务机构，鼓励性质相似的社会公益性科研机构转制成为企业化经营的科技中介服务机构，并在政策和资金上予以扶持。在工业基础较好，企业相对集中的信息、咨询、中心城市，组建或改建面向中小企业的技术创新服务中心，为企业提供培训、评估等服务。支持社会各界和科技人员个人创办科技中介服务机构，在农场要建立和健全农科教相结合的科技服务体系，制定优惠政策，支持他们为农工提供产前、产中、产后的全方位服务。

（3）努力支持兵团技术市场的发展和壮大，完善技术市场的管理和服务体系，重点发展农场技术市场。建立兵团科技信息网络，为企业和农场提供方便、快捷的信息服务。逐步培养一批懂技术、懂法律、懂经营、会管理的科技经纪人队伍，为团场、农户提供中介服务。

（4）扶持和引导民营科技企业的发展。鼓励科技人员依法自带技术和成果，创办和发展民营科技企业，允许民营科技企业采用股份、期权等形式的奖励，民营科技企业与国有科研机构和科技企业一样具有申请政府科技计划项目的同等权利，尊重和保护民营科技企业的合法权益，积极为其创造公平竞争的环境。

（六）加强产、学、研紧密结合，加速科技成果的转化

逐步建立以科研院所、高等院校为主的知识创新体系和以企业为主体，充分发挥科研院所、高等学校的关键性作用的产、学、研相结合的技术创新体系，形成有利于科技创新的机制，推动大部分科技力量进入市场创新、创业。

（七）改革农业科技管理模式

充分发挥科技中介服务机构的作用，项目论证、重大项目招标、评估及验

收、鉴定中的部分职能，逐步交由中介机构来完成，项目实施过程管理交由科技事业单位来承担。政府部门逐步要由管理具体项目，转变为制定科技发展规划、计划、方针、政策，以及对中介机构的认定、管理、监督和协调等宏观方面的管理。

改革现行的科技奖励制度。改革的原则是压缩奖励数量，加大奖励力度，加强对奖励的管理，提高奖励的权威性，对有突出贡献的科技人员实行重奖。随着市场经济的建立和发展，科技奖励制度要逐步与科技成果转化、高新技术产业化后科技人员的利益分配机制相结合，增加激励强度。

改革科技人员的管理培训制度，建立"开放、流动、竞争、协作"的人才管理机制，完善科技人员的培训、使用、奖励和保护机制。造就一批高素质的学术带头人、工程技术带头人和优秀的管理人才。成立新疆科技干部进修学院，强化在职科技人员的继续教育和知识更新。

稳定科技人员队伍。各级党委和政府、各单位、各部门都要为充分发挥科技人员的作用，创造良好的工作和生活条件，解决后顾之忧，做到事业留人、感情留人。对科技人员尤其是长期在基层工作的科技人员进行继续教育和知识更新，要做出计划、形成制度。加强专家顾问组织，吸引那些熟悉兵团情况的优秀青年参与重大决策。

（八）利用对口支援，加强国内外交流，提高兵团科技水平

加强交流，也是提高科技对经济和社会影响的一个重要方面。利用国家西部大开发战略的实施和新疆优势，发挥新疆在内外循环和东西双向交流中的特殊作用，吸引国内外人才。淡化行政界限，实现相互开放，鼓励互利、取长补短的联合与协作，共同发展区域经济。促进兵团与新疆维吾尔自治区、内地省区之间，疆内各行业、部门之间以及与中央驻疆单位进行科技交流与合作。发挥新疆的地缘优势和与周边国家在科技上各有所长、互有所需的特点，加强与俄罗斯、蒙古国以及中亚、南亚国家在农牧业、矿产资源勘探与开发、地震预测预报以及环境保护等方面的科技合作与交流。

第六节　兵团节水生态农业技术创新激励

农业技术创新的激励一般包括针对经济人自利动机的物质型激励和非物质动机的非物质激励。在市场经济条件下，物质型的激励占据主导地位。现实中，两类激励机制同时存在，共同发挥作用。

创新激励可分为两个层面：一是从宏观层面对农业技术创新活动的激励；二

是从微观层面对农业技术创新主体的内部激励。

一、激励对象与目标

（一）激励对象

农业技术创新的激励对象是创新主体。如何使创新主体实现有效率的创新获得最大利益，是技术创新激励机制设计的核心。

政府是公众利益的代表者，它既是农业技术创新主体，以多重身份参与并在某种程度上左右着创新的方向和进程，又是农业技术创新的主导者和外部环境的塑造者，以创新政策制定者和执行者的身份凌驾于其他主体之上。所以，一般认为，农业技术创新的激励对象是除中央政府以外的创新主体。这些创新主体的共同特征是：其行为出发点都是自利或含有自利因素，是从经济人的有限理性出发，在现有信息下做出最有利于自己的选择，以实现效用最大化。当然这里的效用不一定仅指经济意义上的效用，也包括社会和政治等非经济效用。

（二）激励目标

激励产生的原因在于，技术创新体系存在多个主体，各行为主体的创新动机不同，行为方式有差异，需要内在的和外在的激励。激励目标有三个：一是激励创新主体，使其在各自的创新领域实现创新绩效最大化；二是激励创新过程各个环节的协同创新，实现创新体系绩效最大化；三是激励创新的可持续性，实现创新过程的递次演进。

二、激励制度

（一）产权制度激励

有效的产权制度是最经济、最持久的创新激励机制。它通过确立创新者与创新成果或创新收益之间的所有权关系来推动创新。清晰地界定产权，用制度加以强化，是维护创新者利益，保护其持续创新热情的重要保障。节水生态农业技术创新的产权制度主要体现在对农业技术创新知识产权保护，通过申请专利来确保创新者对节水生态农业新技术的无形资产产权。

（二）市场制度激励

一个比较完善的市场制度至少包含买卖自由公平的交换规则和灵活运作的价格机制，市场主体法人化，生产要素自由流动等内容。市场激励主要通过价格机制发挥作用。市场利用创新高收益诱导人们内在的创新动力，使之甘冒创新风险进行技术创新，通过消费者对新技术的认可和接受程度公平地决定创新者的创新收益，前提是有一个良好的知识产权保护体系。通过优胜劣汰的竞争机制对创新者施加外在压力，驱使其必须不断地进行技术创新以求生存和发展。市场通过对创新主体施加竞争压力，促成农业技术科研院所、高等农业院校、农业生产公司等对新型农业技术进行竞争性的研究开发，合作创新，相互学习，寻求创新途径和方法，研发新技术，从而提高整个系统的创新速度和质量。

（三）政策激励

节水生态农业技术创新的公共物品属性、外部性和强烈的溢出效应，农业技术创新不仅推动农业产业发展，也给其他各产业的发展带来新的机遇和盈利机会。创新的社会收益高于私人收益，为此，必须有一个非市场的激励制度，以弥补市场引致的创新水平与社会最优创新水平的差距。世界各国政府都采用了各种激励农业技术创新的政策和手段，主要包括科技发展战略、科技政策、金融政策、投资政策、财政政策、政府采购以及针对创新的物质和给予社会地位、荣誉、表彰等非物质奖励制度等。

（四）组织制度激励

微观创新组织是创新活动的载体。组织的选择对技术创新激励有非常重要的作用。组织制度包括：一是微观的产权制度，包括产权形式、政权结构、内部治理结构；二是分配制度，包括利益分配和职权分配形式；三是组织的管理机制，包括内部机构设置、决策机制、信息流动机制、具体运作过程管理等。从产权角度看，股份制的组织制度通过年薪制、股权和债券激励等方式在融资渠道、整体规模、风险承担能力等方面有巨大优势，已成为多数重大技术创新的策源地。

第七节　兵团节水生态农业技术创新体系构建

一、节水生态农业技术研究开发组织体系构建

长期以来，我国已形成以政府农业科研院所和大学为主体的农业技术研究开发格局，农业技术成果主要来自科研院所和大学。目前，相关企业实力薄弱，研究开发基本缺位，要成为研究开发的主力，在短期内难以实现。因此，只能采取渐进式的改革，通过大力促进政府、大学和企业在节水生态农业技术研究开发方面的合作和联合，提高企业研究开发能力。

新型的节水生态农业技术研究开发组织体系构建是破旧立新的过程，要考虑充分利用现有的创新组织资源，兼顾继承性和发展性，改组和新建相结合，力争按照品种种类来设置若干个专业研究开发组织。在建立新的平衡过程中，要重点对现有的政府节水生态农业技术研究开发组织进行重组。

（一）分层组建

这是建立在政府承担公共物品性质的创新活动基础上，主要对政府所属的公

共节水生态农业技术研究开发组织进行层次性调整和新增。这种层次结构的调整主要是弥补原有研究开发组织设置不合理、缺乏层次的不足，解决区域性组织缺位、职能残缺的问题。按照"兵团成体系、各师有特色"的思路，逐步形成全兵团性的、区域性的、地方性的三个层次的兵团的公共性节水生态农业技术研究开发体系格局。

（二）现有科研院所改组

一是完善内部的运行机制。因为公共的节水生态农业技术研究开发组织不能从事经营性质的创新活动，在缺少市场激励的情况下，可能出现创新积极性不高，影响创新效率，应该构建分类的考核制度，强化岗位责任制和目标责任制。根据基础性研究、基础性工作和公共应用技术研究开发三种不同的工作性质，建立和完善不同岗位的职责，加强管理和考核。充分运用激励和约束手段，奖优惩劣，调动研究人员和管理人员创新的积极性和能动性。

二是加强与大学和企业的合作。大学在节水生态农业技术创新的基础研究和基础性工作方面有优势，应加强二者的交流、互动和学习，提高创新效率。在完成本职工作的同时，可以采取多种形式与企业合作，促进节水生态农业技术成果的转化。

（三）大学的改革

保持兵团所有重点大学的农业技术研究开发组织机构的优势和发展的可持续性。

（四）推动企业成为节水生态农业技术研究开发的主要力量

企业增强自主创新能力，进入节水生态农业研究开发领域，是在市场竞争中取胜的砝码。企业应该抓住政府的农业科研院所改革的机遇，引进分流的科研力量，整体购买或承包应用性研究开发机构，加大研究开发的投入力度，不断提高研究开发能力和水平。

二、节水生态农业技术物化组织体系建设

采取多种方式，加快兵团国有农业技术公司转制；大力扶持民营农业技术企业发展；打破原有格局，尽快促成企业兼并和合作，以构建新的节水生态农业技术物化组织体系。

三、节水生态农业技术推广组织体系构建

新型的节水生态农业技术推广组织体系是"两大板块"与"科研院所、高校＋政府"的多元化节水生态农业技术推广组织体系。

两大板块包括兵团政府的公共节水生态农业技术推广组织子体系和企业的节

水生态农业技术推广组织子体系两个部分。兵团节水生态农业技术推广组织子体系通过对原有的兵团"三级推广"网络改造而来，剥离经营性业务，保留公共服务职能。主要负责公益性节水生态农业技术以及相关配套技术的公共推广工作，不从事经营性业务。企业的节水生态农业技术推广组织子体系主要负责具有商品性质的节水生态农业技术及其配套技术的推广，实行市场化经营，提供有偿服务。

"政府＋科研院所、高校"即把科研院所、高校的创新资源引入公共农业技术推广体系，逐步以政府与科研院所、高校并重的公共节水生态农业技术推广体系取代以政府为主的公共农业技术推广体系。

多元化是指推广主体的多元化、推广组织所有制形式多元化等。技术推广参与主体包括兵团政府、高校、农业科研院所、企业、中介组织、农民协会等，有国有、私人、集体、混合等多种所有制形式。

四、节水生态农业技术创新投资体系的完善

借鉴农业技术创新投资的国际经验，吸取我国节水生态农业技术创新投资的经验教训，结合投资现状和发展趋势，逐步建成以政府投入为主、政府资金和民间资金互为补充、多元化的节水生态农业技术创新投资体系，为创新提供有力的资金保证。

五、节水生态农业技术创新基础设施建设

（一）节水生态农业技术研究开发基地建设

研究开发基地主要有重点实验室、工程技术中心等形式，它们是节水生态农业技术创新重要的基础设施和条件。

（1）逐步确立研究开发基地的法人地位。目前，我国的重点实验室、工程技术中心主要依托大学和公共农业科研院所建立，处于依附地位。随着基地的发展，特别是有的基地将成为兵团的节水生态农业技术创新的重要力量，应该赋予其独立的法人资格，加快建设和发展，充分发挥应有的作用。

（2）合理布局。兵团应根据学科和各师地区经济发展需要、区域发展特色、产业发展重点和科技发展趋势，合理布局节水生态农业技术研究开发基地，以点带面，为创新提供试验支撑。

（3）采取灵活多样的建设方式。对于侧重基础研究和公益研究的研究开发基地建设，可以采取兵团政府独办或政府与企业合办的方式；对侧重于市场开发的研究开发中心可以由企业兴办为主、政府参与或完全由企业投资兴办。

（4）完善内部运行机制。加强管理，采取必要的激励和约束措施以及灵活

的用人机制，吸引优秀人才参与创新。

（二）节水生态农业技术成果孵化基地建设

节水生态农业技术成果在研制出来，正式进入市场前，需要有中试、孵化基地。要提高农业科技园及相关高新科技园决策的科学性，健全孵化基地的运营机制，制定严格的管理条例，提高管理水平。采取多种激励手段和方法，采用多种分配方式，调动投资者和员工的积极性。

（三）农业基础设施建设

农田、水利、交通、通信、能源等农业基础设施是节水生态农业技术发挥效益的物质保障。这些农业基础设施是公共产品或准公共产品，应该主要由政府投资，适当引导私人资本投入。

六、节水生态农业技术市场建设

节水生态农业技术市场是节水生态农业技术成果流通交换的场所。通过技术市场交易，节水生态农业技术的投资者和研发者可以直接获取创新收益，对创新活动产生市场激励，通过市场交易反馈市场需求信息，把握市场需求动态，同时，有利于节水生态农业技术的转让、产业化和推广应用。

第八节　兵团节水生态农业技术创新的保障措施

一、加大政府对节水生态农业技术创新的投入

研究开发本身是重要的创新源，并且具有溢出效应，因此，政府应加大对科研的投入，加大对创新的投入，特别是加强对市场失效或低效的领域，如基础研究、战略性研究项目和教育的投入，为农业技术创新奠定良好的发展基础，促进农业技术创新。

二、加大政府对节水生态农业技术创新企业的政策扶持

兵团具有其自身的特殊性，农业技术创新企业技术基础差，规模普遍较小，不可能有发达地区公司那样巨额的技术创新投入。因此，必须坚持"有所为、有所不为"的方针，充分发挥兵团政府在节水生态农业技术创新中的政策引导和推动作用，大力支持企业的技术创新，特别是对中小企业的扶持，为企业营造一个良好的创新环境，力争在关键性领域取得突破性进展。因为中小企业，尤其是民营科技企业是最活跃的创新群体，它比大企业有更大的平均创新能力。兵团政府

应该根据国家创新系统的思路，健全制度框架，防止制度缺口导致的系统失灵，并通过制度的建立，促进市场的发育；使各种相关的政策互相协调，为创新创造良好的政策环境。

三、加强节水生态农业技术创新知识的交流与转化

兵团应通过政策、项目等手段，降低妨碍合作研究和人才流动的制度壁垒，打破不利于产学研结合的障碍，加强中小企业与高校、科研机构、国家实验室等单位的科研合作，降低中小企业研究开发费用，加快科技转化为生产力的步伐，并为中小企业培养、输送创新人才。加强创新系统的整体集成，引导并促使企业与研究机构之间依靠双方的利益驱动，建立产、学、研密切合作的创新网络和整体化系统，促进企业之间的知识流动。应制定政策使各部门的计划在创新系统的基础上集成，鼓励通过创新改造传统产业、促进地方经济发展，鼓励技术改造、技术引进和科技计划的集成。如规定重大的科技计划必须有企业参与，大的技术改造和引进计划必须有科技部门参与，制定大规模的产学研合作创新计划以及大规模的产学研教合作创新计划。这些政策不仅应该集中于提高个别企业的能力，而且也应该扩大网络的能力和企业群以及产业部门的创新实践。

四、重视对创新人才的培养

人才是知识的主要载体，是创新的决策要素。兵团政府必须加大教育经费投入，依托高校，大力培养创新型人才，特别是培养一大批懂科技、会管理、善经营的企业家。同时，还应加强鼓励人才流动的政策，形成高校和创新企业间人才与资金的良性循环。要在兵团营造尊重知识、尊重人才的氛围，形成一整套人才的引进、培养、使用、评价和激励机制，加大对有突出贡献人才的奖励力度，鼓励科技人员以成果、专利入股，把企业技术创新的风险同经营者和职工的利益挂钩，充分调动和激发科研人员的智慧与创新潜力。

五、加强中介服务体系建设

农业技术创新是涉及农业科技与经济活动的复杂过程，在节水生态农业技术创新过程中，各创新主体之间能否建立良好的合作与协调机制，直接影响到技术创新的步伐和节水生态农业技术创新的整体创新效益。

目前，世界各国通用的方法便是建设技术创新服务体系，以确保技术创新的高效快速。可以说，农业技术创新服务体系的建设和加强，是实现农业技术创新各创新主体协调发展、增进农业技术和农业知识的合理流动、降低农业技术创新的风险、实现农业技术创新系统整合的有效途径。目前，我国处于经济转型时

期，在今后相当长的时期，我国的农业技术创新中介服务体系应把坚持加强直接支持技术创新和为技术创新创造良好的环境紧密结合起来，力争用 3～5 年时间，探索出适应市场经济、有利于农业技术创新的服务方式和途径。

一方面，兵团应大力发展农业技术创新公共中介体系建设，提高服务效果。要在兵团层次上建立 1～2 个具有能够为农业企业鉴别技术并能够提供技术创新全过程服务的重量级中介机构，下决心解决风险投资所需的环境问题。既要通过加强培训，提高服务质量，增强中介服务机构的服务效果，又要通过加强各类中介服务机构之间的联系与协调，推动与具有其他服务功能的中介机构的联系与配合，提高整体服务水平，最终实现服务功能的网络化发展规模。

另一方面，兵团应大力促进农业技术创新中介服务活动的社会化、市场化、产业化。因为政府资助的公共服务机构在促进农业技术创新中虽然具有重要的作用，但已无法满足日益壮大的农业技术创新市场发展的需求。必须加快农业技术创新服务活动的社会化、市场化、产业化，这也是农业技术创新服务体系发展的根本方向。首先，大力发展民营农业技术创新中介服务体系。兵团要鼓励农业高校、农业科研院所、涉农企业、社会团体建立各种中介服务机构，鼓励农业科学家、工程师广泛开展业余农业技术咨询活动，努力促进农业技术创新服务体系的多元化。其次，鼓励大多数农业技术创新公共服务机构向企业化转变。通过3～5年的时间，逐步实现公共农业技术创新服务机构由非营利性的服务向营利性的服务转化，以确保民营农业技术创新服务机构的健康发展。

第四章 兵团节水生态农业产业化
经营体制创新

第一节 兵团农业制度的基本框架

兵团农业制度是团场经营制度、家庭承包经营制度、龙头企业带动经营制度、合作经营或农业公司制几种制度并存又相互协调的制度。其中在团场和职工统分结合的双层经营的基础和前提下，实行"土地承包经营，产权明晰到户，农资市场采供，产品订单收购"的基本经营制度。这是不同于农村的农业制度，具有鲜明的国有团场和兵团组织形式的特点，尤其是赋予了市场经济条件的经营管理方式创新的内容。

一、土地承包制度

在团场与职工签订劳动合同的基础上，在劳动合同关系期限内按农业一线职工承包定额耕地，并签订土地承包合同，即"双合同管理"。在合同有效期限内，农工享有承包土地使用经营权、土地收益权、产品处置权（包括产品订单）和土地互换、转让、合作经营的流转权力。团场和职工的土地收益负担按"定项限额、只增不减、合同约定、公开透明"的原则进行。在定额面积之外，团场剩余土地则转为通过竞标形成自由种植的经营地，合同期为3~5年，按照市场化原则经营。职工房前屋后的自营地，费用自理、收益归己。

二、产权制度

职工有权对包括土地在内的各种生产要素，如机井、大棚、畜禽、园林、节水灌溉设备等，进行所有权买断经营，或通过租赁、承包、托管等形式经营。

三、农资供应制度

农资供应市场化，引入了竞争机制，形成了多元农资市场网络，降低农资价格。师（团）的农资公司作为市场参与者搭建了农资厂家与职工直接交易的平台，保证了农资产品质量和降低了交易成本，使得农资"一票到户"制度广泛地应用到各个团场。在"一票到户"供给模式推行中存在的问题有以下几点：

（一）流通渠道不畅，依旧存在运用行政方式管理农资现象

在农资流通中，农资以师为单位，统购分销，一票到户，但农资公司和团场作为独立的市场主体，都是以追求利润最大化为目标。因此，在销售农资方面，"一票到户"的流通渠道并不畅通。主要有三方面问题：

（1）有的师对农资企业从行政上给予保护，师以外的农资企业，小商户等进入团场农资市场的门槛较高。

（2）由于有些师农资公司与团供销机构仍存在内部默契，难以形成市场化的竞争局面，其结果是供应职工的农资价格高于市场价，农资公司、团场、职工三者之间的利益难以协调。

（3）运用行政手段销售农资。极少数师、团还在用行政手段指定职工农资购买点，要求职工的物化成本资金统一上交到团场，职工购买农资时价格不定，记账领货，职工没有对农资的选择权和生产成本控制权，而农资公司没有经营压力，不承担市场风险。

上述问题都体现出师农资公司的农资独占经营，违背了市场规则，不利于农资公司适应市场竞争，增强经营活力，也不利于体现农资集中采供、一票到户方式的真正意义。

"一票到户"供给模式中师农资公司的独占经营业出现了集中采购的农资产品，按照大宗农产品的需求，农资采购目录中的农资产品不全面，不能全面满足职工的需求。职工在团场和连队的农资销售点买不到自己需求的农资产品就会选择其他购买渠道，而其他渠道中的监管并不健全，增加了职工购买到虚假农资的风险。

（二）价格机制不完善

农资的价格管理权限和价格形成机制是影响流通的重要因素。农资公司、团场和职工作为三个经营主体，它们之间的利益分配主要通过价格进行联结，如果农资公司销售渠道不畅，市场行情发生变化，就会提高农资价格，使团场和职工的成本增加，利益受到损失。

如根据石河子总场在 2012 年的调查中发现：石河子垦区为保证一票到户农资不高于本地市场价，规定农资进销差价为 6%（比国家低 1 个百分点），师、团分配比例是 4:2，准利率是 7.47%，加上 10% 利率浮动为 8.21%。从当年年初农资储备到 4 月中下旬春播基肥，再到田管期间的追肥、施用农药、连队存放、保管农资需 5~6 个月。这就意味着，团场、连队需承担 4% 左右的利息，再

加上装卸、保管期间的损失，实际承担的费用远高于2%进销差价。尽管2012年存贷款基准利率下调，但这种格局很难发生根本改变。从承包职工方面看，职工需承担从连队领取农资到年终兑现期间的贷款利息，时间为6~7个月，贷款利息为4%~5%。如果再将团场承担的贷款利息等销售费用加强到职工头上，在设定周边市场遵守国家规定进销差价7%的条件下，"一票到户"价格必定超过本地农资市场价。

农资公司在"一票到户"供给模式中起到统购分销的作用，赚取的是批零差价，打的是时间差，这就决定农资公司必须有资源优势和终端销售链条。价格是农资公司面临的重大问题，特别是化肥的销售，价格一直是由政府进行调节，进货时价格偏高，到次年发货时，农资价格下降，致使农资公司出现亏损。

如石河子垦区的西部物流农资公司的负责人表示"一票到户"供给模式在2007年和2008年两年的实施效果比较好，公司的销售情况较好，2009年市场开放，销量有所降低。石河子垦区对西部物流农资公司的定性是服务型的微利企业，对农资产品价格有严格的控制，保证基本运营成本即可。西部物流农资公司的种子和化肥等业务的利润较低，需要其他业务的支持。该公司负责人还表示，公司与中石化、中石油有长期合同，在化肥市场紧俏时具有成本优势，对市场价格能起到一定的平制作用。

（三）农资监管体系不健全

虽然从2003年开始，兵团每年在春播前举办"放心农资下乡周"活动。宣传期间，兵团及各师农业行政主管部门加大对农资市场的监管力度，组织技术人员向职工群众宣传普及科学使用农资和识别真假农资的知识，全力建设多层面的农资安全防护网。但是农资安全防护网建设并不完善，对于兵团和师农资公司提供的农资产品兵团可以从源头上进行监管和掌控，但是对于一些连锁经营和零售经营的地方农资产品并没有建立严格的农资监管体系。大多数的承包户和一部分农工倾向于去零售店购买农资产品，而兵团并没有构建农资监管体系保障这部分人避免买到虚假农资。

对于兵团提供农资产品的监管，通常是兵团农林牧局、发改委、纠风办、供销社、农资公司组成联合检查组对农资质量和农资价格进行督查监管。各师的农资采购采取招标方式进行，由监察局、财政局、农林牧局、质监局和团场组成招标领导小组对招标活动进行监督。虽然兵团极力打造师、团、连、职工"四位一体"的监管体系，但是据对八师西部农资物流公司的调查发现，监管部门繁杂且职责划分不清，农资公司对于各部门的职责并不清楚，各部门职责划分不明晰且监管部门冗杂，而且兵团对于购买到虚假农资产品的职工的投诉和维权不够重视，没有相应的部门帮助职工在购买到虚假农资产品后维护自己的权利，得到赔偿。

四、产品订单收购制度

职工与团场或公司签订产品订单，大宗农产品由团场或公司统一收购，有利于团场或龙头企业形成规模化的种养殖基地，产品集中统一加工销售，有效地延伸了产业链，提升了产品附加值。

第二节　兵团农业经营体制的创新

2013 年中央一号文件明确提出要改革农业经营体制，创新农业经营机制，构建新型农业经营体系。兵团应在坚持和完善以团场为主导，以公司经营为平台，以职工承包经营为基础，统分结合双层经营体制的基础上，着力推动统一经营向提供多元化、多层次、多形式经营服务体系的方向转变，职工经营向采用先进科技和生产手段的多元化经营转变，塑造新型农业经营主体，探索构建农业经营体系新机制，不断提高农业的集约化、社会化、专业化和组织化水平。

兵团新型农业经营主体包括：

（一）"统"的主体——由行政经营转向公司经营

（1）兵团产业大集团。根据兵团农业现代化中长期建设规划（2011～2020年）"到 2015 年，农产品加工转化率达到 70%，产业集团销售的农产品达到本行业农产品总量的 60% 以上。到 2020 年，农产品加工转化率达到 90% 以上，产业集团销售的农产品达到本行业农产品总量的 80% 以上"。产业大集团的经营模式为："集团 + 专业化公司 + 联合生产基地（团场 + 职工）"。产业大集团主要负责发展战略决策、资本运作、资产经营、风险控制、运行协调，实现兵团主要农产品分购统销；各师专业化公司主要负责农产品的统一收购和加工；团场主要负责基地建设和产品生产，并向产业公司交售农产品。

（2）团场农业经营公司。农业经营公司可通过承包、租赁、合资合作和提供生产服务等方式对团场农业经营性国有资产进行经营管理，确保其保值、增值；与职工或其他主体签订土地承包或租赁合同，代表团场对国有土地进行经营管理；与职工或其他主体签订产品订单合同，通过技术、农资等产前服务和收购、加工、销售等产后服务，对农产品进行统一经营管埋，以解决农产品产业化和进入市场的问题；同时对外与产业大集团和龙头企业发生市场交易行为，为龙头企业组织产品或提供初加工产品，收取服务费或产品增值收益。

（3）农业龙头企业。龙头企业（除团场农业经营公司外）可以是团场招商引资来的企业，也可以是团场私人成立的企业，还可以是师龙头企业，所有制结构多样，产权结构多样，这些农业龙头企业主要集中在农业的加工、流通领域，较少从事农业种养殖环节。对农业龙头企业，团场应该按照"扶优、扶大、扶强"的原则，培育壮大一批起点高、规模大、带动力强的龙头企业，尤其是鼓励其在畜牧养殖、林果园艺、农机服务等领域进行积极探索，鼓励其提高就地加工的能力。

（二）"分"的主体——以团场职工承包为基础

（1）职工承包经营。农业职工是团场农业经营的主体，是"分"的主体，新一轮的团场改革也不会改变。这不仅是农业自身发展规律、农业生产力水平决定的，也是国有农业企业管理本质决定的，还是兵团承担维稳戍边的使命决定的。因此兵团团场的农业职工承包经营在一定时期内仍是农业经营的基本形式。

（2）联户经营。人多地少的团场、剩余劳动力转移困难、参与市场竞争有"功能性缺陷"等矛盾，影响了职工承包经营的生命力的延续。职工承包经营不是农业经营形式的全部，职工需要联合、协作、社会化，尤其是在非大宗农产品生产领域。联户经营可以将数量不等的职工组成一个联合体，联合起来从事农副业生产。在这种经济形式下，职工把人力、物力、资金、技术联合起来，实行民主管理，能者为头，组织生产，劳动成果按劳动、资金、技术进行分配。

（3）专业大户。随着规模的扩大，专业农户会衍生为专业大户。专业大户是适度规模经营农户，其专业性较强，商品率较高，都是经济能人，产业链条功能明显，具有科技和信息扩散力和带动力。专业大户经营是职工承包经营和规模经营的结合，实现了土地流转和资源、生产要素的集聚。因此对于专业大户，团场应重点扶持，尤其在农产品销售、流通环节应充分发挥其作用，使其能带动职工致富。

（4）家庭农场。兵团应适度发展规模经营的家庭农场，通过家庭农场经营，逐步解决职工承包经营体制下土地、劳动、资金、技术等生产要素难以合理流动和有效配置的问题，提高职工综合经营素质，实现农业经营的市场化、专业化和社会化。对家庭农场，兵团应积极支持其在生产领域发挥科技带动、示范作用。

（5）农工专业合作组织。对农工专业合作组织，兵团应加大财政、税收、金融等扶持力度，支持其兴办加工、营销等实体和发展信用合作，推进它们之间的联合与合作，增强其经济实力和带动能力。并采取行政引导、典型带动、政策驱动等措施，通过能人领办、基层组织创办、龙头企业带动等多种组建形式，促进农工专业合作组织发展壮大。鼓励农工专业合作组织开展"农超对接"、"农校对接"、"农社对接"，拓宽其产品营销渠道。

第三节　兵团节水生态农业产业化经营模式分析和探索

一、模式界定及运营方式

（一）模式界定

农业产业化经营模式是指从事农业产业化相关产业的公司，通过租赁农户或者集体的土地从事农业产业化生产的一种模式。该模式的经营主体是公司，主要有以下几种不同的经营形式：公司＋农户；公司＋基地＋农户；公司＋合作社＋农户。

（二）运营方式

在公司型农业产业化经营模式下，公司通常采用一次性付款方式租赁农户和集体土地，一般租赁土地面积比较大，整地、栽种、日常抚育、采摘及看护等都需雇用劳动力来完成。在生产过程中，公司与农户在平等、自愿、互利的基础上签订合同，明确各自的权利和义务及违约责任，通过契约机制结成利益共同体，公司向农户提供产前、产中和产后服务，按合同规定收购农户生产的产品，建立稳定供销关系的合作模式。

该模式由农业企业提供管理、技术、销售渠道、资金支持，参与农户提供土地、劳动力及其他资源，双方优势互补，实现产、供、销一体化，从而实现各种要素的优化配置。该模式首先需要运用经济手段，在保证农户收益的前提下，实现农户与企业的结合，在公司的统筹安排下，改变农户分散经营传统生产模式；其次是在生产、流通各环节中，合理规划，科学分工，实现真正意义上的产、供、销一体化。公司与农户是在平等、自愿、互利基础上的一种合作关系，这种关系建立的目的是为了确保双方都能获得自己的利益。面对市场风险，公司与农户要组成一个"利益共同体"，在利益基础上建立紧密型关系，公司要把农户看成公司的一部分，农户也要把自己当成一个实体来经营，这样，"公司"和"农户"才能真正"加"在一起，才可能实现最大的"双赢"。"公司＋农户"，顾名思义是将"大公司"与"小农户"联结起来。这种经营模式始于 20 世纪 80 年代，20 年来，它在农民学习生产技术、规避市场风险和规模经营增收等方面发挥了积极作用。

农业产业化组织模式通过联合"龙头企业"和农户，结合参与各方的优势，弥补了各自的劣势。"龙头企业"可以依靠自身的信息渠道获取市场信息，利用技术优势和管理优势来组织农户进行无公害产品的生产。由于本身不参与无公害产品的实际生产，可以有效地降低生产经营风险，取而代之的是对农户违约风险和市场需求风险的预防；而普通农户可以通过与"龙头企业"的联合，克服自身劣势，规范种植，同时解决了产品销路难题，进而获得稳定的收入。农业产业化模式较好地解决了产销脱节问题，能够形成稳固的加销一体化产业链条，降低生产交易成本，提高农产品附加值，转移农业剩余劳动力，引导农民致富，带动产业的发展。

二、模式产生的诱因

（一）大量的剩余劳动力外出务工使企业经营成为可能

伴随新疆工业化和城镇化的发展，吸纳了大量的农村剩余劳动力，新疆沙区一般都是生态环境恶劣的贫困地区。这些贫困地区农户为了生存，多放弃土地，外出打工，剩余一些老人和孩子。一些农户的非农收入增加后，不再把农业收入作为主要的收入来源，土地的粗放现象较多，企业就容易获得农业产业化发展重要资源——土地资源。这样，企业通过土地流转获取土地资源，如此，农业产业化经营就成为了可能。

（二）农民缺乏改良沙区土地的资金使公司经营成为可能

在沙区，由于气候比较干旱，土地高低不平，土壤肥力较差，农民的闲散地和荒地比较多，因此，农户只能利用可以耕作的土地种植农作物，其余难以开垦的荒地都闲置了。由于农民的资金有限，开荒或者治理荒地难度很大，更不能提供改良土壤的资金了，而公司资金雄厚，这些闲置的土地使公司农业产业化经营成为了可能。

（三）农业产业化发展需求使公司型农业产业化经营成为必然

农业产业化属于产业经济范畴，企业是产业组织理论的基本研究对象。在农业产业化经营中，企业可以把更多的要素合理地组合在一起，可以通过合理的分工协作产生更大的生产量，同时又减少了社会交易成本，从而可以获得更大的利润，总之，企业可以使资源得到更加合理和有效配置。农业产业化未来发展是形成一个完善的农业产业化发展体系，基于此，公司型农业产业化经营就成为必然，并且也是未来农业产业化发展的一种重要模式。

（四）政府的积极引导是实现公司型经营模式的现实条件

政府统筹自治区防沙治沙和农业产业化支持政策，调动社会各方力量，积极引导资金、技术、人才等要素向农业产业化聚集。保障农业产业化企业的土地承包经营权，适当延长土地使用年限；将集体拥有的沙化土地及其使用权、治理权和利益权打捆承包或拍卖给治理者。此外，还应加快完善发展农业产业化的支持配套政策，包括支持农业产业化研发机构和企业、产业龙头企业、新能源和特色优势产业发展的优惠政策。

三、农业产业化模式

（一）"公司＋基地＋种植户"模式

这种经营组织模式的出现是因为农户分散经营，与农产品市场衔接不紧密。主要特点是农产品加工企业与生产基地和种植户结成紧密的贸工农一体化生产体系，最主要和最普遍的联结方式是订单农业。在实践中，以农产品加工企业为主导，重点围绕农产品相关产品的生产、加工、销售，与生产基地和种植户实行有机的联合，进行产业化经营，形成公司企业联基地、基地联农户，进行专业协作。这样既解决了种植户卖出难的问题，也使农产品加工企业拥有了稳定的原料来源，实现了资源的充分合理利用。一师塔里木大漠枣业有限公司实施的就是"公司＋基地＋种植户"模式，公司直接与红枣种植户签订种植合同，并在合同中约定公司提供无偿的技术服务，公司还派出技术人员帮助农户协调一些急需解决的问题，为农户提供新信息、新技术，通过在一师 10 团建立 5 万亩红枣基地的方式，调动了师、团场和农户发展红枣产业的积极性。而种植户只管生产，不用考虑销售问题，解决了卖枣难的后顾之忧。这样，不仅为公司红枣加工产品提供了高质量的原料，有力地推动了兵团红枣产业化经营进程，提高了经济效率，而且职工也从红枣种植中得到了高收益。

（二）"行业协会＋种植户"模式

此模式一般有各类协会、企业和种植户三个主要环节，主要通过订单或契约形式，扶持和发展农业，保护团场职工利益，引导职工进入市场。产业中有一定专长人员和组织自愿组成的地方性、行业性、非营利性社会组织，其宗旨是进一步提高农产品的市场竞争力，促进产业持续健康发展，带动区域特色林果业的发展和壮大，真正发挥林果业的龙头作用。如十四师枣业协会按照《和田玉枣协会章程》和《和田玉枣质量控制技术规范》重点监督和管理"和田玉枣"商标的使用，为会员及广大职工提供技术服务和专业技术培训，规范红枣生产管理和销售，并为广大红枣种植户提供技术服务和专业技术培训。协会的成立，有利于促进"行业协会＋农户"的产业化发展模式，进一步规范红枣种植技术，确保红枣品质和红枣产业化的可持续发展，增强红枣产品的市场竞争力。

（三）"合作经济组织＋种植户"模式

目前，此模式在兵团农产品产业化组织模式所占比例较小，带动面也比较小，具有地区性。因为兵团的合作经济组织的发展较慢，而且组织本身就存在着产权模糊性，现在还无法有效地在组织内实现信息的传递，但目前也主要是起到技术交流、培训和推广的作用。如一师10团的红枣供销社把大漠红枣作为品牌产品，以大漠枣业有限公司为龙头，组织团场职工发展规模化、产业化生产，组成的塔干大枣专业协会就是建成的职工自己的合作经济组织。一师已成立农业经济专业合作社24家，社员大约为2800人，引导职工进入市场的桥梁，建立和完善农业社会化服务体系，为入社种植户产前、产中、产后提供各项服务。

以上三种现代农产品组织模式，均在一定程度上搭建了农户与市场的桥梁，但从实际发展情况看，无论是"行业协会＋种植户"模式，还是"合作经济组织＋种植户"模式，其组织形式的作用发挥大部分停留在为农户提供技术交流和服务，并无法有效解决农户产品销售的关键问题，而且经营组织各主体间的利益衔接机制和保障机制不健全，使得职工与团场、企业之间缺乏信任，存在偏见现象，不能达成长期合作的机制，也没有完善的法律依据保障合作组织正常的经济活动和合法权益，使得合作组织不能在技术交流、市场预测、参与产品定价、协调一致上发挥应有的作用。相比之下，"公司＋基地＋种植户"能够妥善处理公司、团场、种植户三者的利益关系，是目前兵团农业发展的主要方向。

四、农业产业化经营案例

公司型农业产业化经营模式已经是新疆农业产业化发展的主要模式，为了更加深入地了解新疆公司型农业产业化经营模式，本节通过调研，选取了五个农业产业化公司：新疆北疆果蔬产业发展有限责任公司、新疆和田阳光沙漠玫瑰有限公司、哈密新联合生态投资有限公司、新疆沃霖生态科技有限公司、和田帝辰医药科技有限公司。

调研案例一：新疆北疆果蔬产业发展有限责任公司

公司于2001年成立，经过10年的探索，北疆红提果蔬公司已经拥有了近10万亩红提葡萄基地，是全国最大的连片种植红提葡萄基地。"北疆"牌红提葡萄成为我国唯一同时获得有机绿色食品认证、国际标准质量管理体系认证等6项认证的鲜食果品；畅销全国40多座大中城市，成为农业部向全社会推介的为数不多的"中国名牌农产品"。公司现拥有9个设施农业种植基地，分别为81团、83团、84团、86团、87团、88团、89团、90团、91团大棚蔬菜种植基地，计划到"十二五"末发展大棚蔬菜1.4万个，以满足国内外市场的需求。

北疆模式之所以能够取得如此的成绩，关键在于公司在整个产业链上寻找到一个兼顾各环节利益的平衡点，果蔬公司是红提葡萄产业的经营者，确保红提葡萄的生产者、管理者、经销者和经营者"四位一体",分工明确、联结紧密,并在前三者中起到了良好的黏合作用:红提葡萄种植户作为独立的生产者,能够严格按技术规程操作,生产积极性很高,不管市场价格如何变化,公司确保种植户收入年年有较高的增长;团场作为管理者,把红提葡萄产业作为特色支柱产业来抓,组织了专门的管理队伍,只负责组织生产、落实技术措施等管理工作,为客户提供优质的农产品,不用操心产品销售和市场建设等;来自全国各地的经销商是联结市场的桥梁和纽带,因为年年经销"北疆"牌红提葡萄有钱赚,北疆公司拥有了稳定的经销商。在"四位一体"模式中担负经营重任的果蔬公司巧妙联结产业链,平衡各环节的利益,公司只收取合理的技术指导、市场建设等经营服务费。果蔬公司把培育市场和维护经销商合理的利益作为提高经销商积极性的法宝,培育成熟的红提葡萄市场,保持适度的价格涨幅,既要让种植户增收,团场增效,也要让经销商有钱可赚。因为维护经销商的利益,就是维护整个红提葡萄产业的利益。在风云变幻、跌宕起伏的农产品市场中,北疆果蔬公司销售的红提葡萄价格年年保持了较高的增幅,堪称兵团农业产业化发展中的奇迹。总结北疆模式,最成功的经验在于北疆公司在产业化经营过程中始终坚持把种植户、团场、经销商、公司作为利益联结的共同体,让产业链中的每一方都能够分享利益分配。在一条产业链上,如果某一环节占有过多的利益,必然导致整个产业链断裂。如果产业链某一环节断裂,将对整个产业造成严重冲击。

调研案例二:新疆和田阳光沙漠玫瑰有限公司

新疆和田阳光沙漠玫瑰有限公司是和田地区综合实力较强的一家民营企业,公司成立于2004年。目前公司拥有新疆阳光沙漠香料科技有限公司、新疆阳光沙漠农业科技有限公司两个全资子公司,公司注册资金3100万元,总资产10032万元,共有员工148人。公司产品有五大类96个品种,实施了玫瑰精油提取、玫瑰精油综合精深加工项目,玫瑰精油液态饮项目的开发。拥有"阳光沙漠"、"沙漠香魂"、"AUREATE"等10件24类国内商标注册,3件2类14个国家及地区的境外商标注册。

公司承担着基地原料品控化、生产流程农业产业化、产品质量体系化、品牌建设知名化、市场渠道专业化的重任。公司依托和田地区特殊的玫瑰资源优势,集种植、生产、销售、研发为一体的新型现代化综合性企业,致力于新疆特色有机食品精深加工,并以全新的运营管理机制和生产工艺将新疆特色资源转化成全球格局下的优势品牌资源。

和田是玫瑰生长的优势区,也是生产优质玫瑰的重要基地。公司玫瑰花种植面积达到 3.4 万亩，玫瑰鲜花年产量达到 3000 吨，原材料供应目前相对充足，同其他地区玫瑰相比，能保持很强的差异性和竞争力。因此，就产品品种和原料质量而言，在市场中都将占有优势，尤其是新开发的玫瑰精油液态饮项目将采用农业产业化运作，项目上游种植产业环节按有机食品规程进行，产业链中间环节又引进先进精油提炼和真空冷冻技术，采用现代化企业管理模式，加之当地劳动力资源丰富，可将生产成本控制在较低水平，进而使得公司产品在国内外市场占据价格优势，具有较强的市场竞争能力。

公司不断完善企农利益联结机制模式，加强与协会合作与经营，壮大自身实力，增强服务功能。完善自律机制，切实维护企业与花农的合法权益，建立完善的企业与花农利益联结和分享机制。最终达到"企业发展、农民增收、扩大产业"的扶贫带动目的。2010 年至今，公司与国开行新疆分行创新式、跨地域建立了银企流动资金信贷业务，及时解决了玫瑰花每年收购原料的现实问题，这样，进一步保证玫瑰花产量和质量上夯实了基础，进而产业得到了逐年恢复。同时也通过多年的扶贫带动工作，公司对带动当地农民增收积累了一定经验。2004~2012 年公司连续实施了"订单模式"、"公司＋协会＋农户模式"、"公司＋基地＋农户模式"、"股田制模式"四种合作模式，同时重点实施企农利益联结机制"二次返利"工作。这样农民增收稳定，企业效益保证，社会和谐真正落到实处，进而使得玫瑰花产业健康发展，良性运转。

积极推动特色玫瑰花产业的发展，公司利用玫瑰深加工工艺，进行工业化规模生产，同时打造知名品牌，完善新疆玫瑰产业链条，提高玫瑰附加值，促进玫瑰种植向农业产业化发展升级。同时公司紧密与花农展开多种模式合作，实施企农利益联结机制，最终达到"互惠双赢、企业发展、农民增收"的产业资本化发展路线。

调研案例三：哈密新联合生态投资有限公司

哈密新联合生态投资有限公司总投资 4.2 亿元的荒漠农业产业化项目在哈密开工，将利用当地 10 万亩荒漠土地种植肉苁蓉，并就地深加工制成系列生物产品。

哈密地处沙漠边缘，生态环境脆弱。这个由哈密新联合生态投资有限公司投资的荒漠农业产业化项目，改变了当地以往的治沙模式，把防沙治沙和提高农民收入结合起来。农民通过种植肉苁蓉提高收入，荒漠环境也随之得以改善，经济效益与环境效益相得益彰。

哈密新联合生态投资有限公司总经理介绍，在当地种植肉苁蓉，每亩地每年仅需水 20～60 立方米。该公司每年将向农户无偿提供肉苁蓉种子，指导他们在"生态增绿"的基础上科学种植。同时，与农户签订购销合同，通过采用与中科院生物研究所联合研发的生物技术，就地将肉苁蓉制成切片、口服液、胶囊等系列产品，确保大幅提高肉苁蓉的附加值。据了解，该公司提供肉苁蓉的种子、提供技术培训、提供滴灌系统，让农民在梭梭林的根部种植肉苁蓉，成熟后全部收购，每位农户可年收入 2.4 万元。

肉苁蓉是一种寄生在梭梭、红柳根部的寄生植物，是我国传统的名贵中药材，对土壤、水分要求不高，在我国主要分布于新疆、内蒙古、宁夏和甘肃的荒漠地区，是一种前景广阔的防沙治沙经济作物。

调研案例四：新疆沃霖生态科技有限公司

奇台县以"生态建设立位，产业发展强位"的思路，正确处理好生态、发展和农民增收三者之间的关系，在优先保证生态效益的前提下大力发展特色农业产业化大芸（即肉苁蓉）接种，实现生态增效、经济增收的"双高"目标。

奇台县北部古尔班通古特沙漠前沿长 64 公里，从 1999 年起的 14 年间，奇台县抓住国家改善西部生态环境的机遇，在古尔班通古特沙漠前沿建起了一道宽 3～4 公里，长 64 公里的"绿色长城"牢牢锁住了风沙的侵害。同时，奇台县把北部沙漠人工梭梭林生态、经济效益双赢作为发展特色农业产业化及增加农民收入的重点工作，积极与大芸接种加工企业、内蒙古巴州吉林有限公司合作，在奇台县注册了"新疆沃霖生态有限责任公司"发展特色农业产业化。采取"公司＋基地＋农户"的接种模式和大户带动作用方式，将沙漠前沿的 100 万亩人工梭梭林全部接种大芸。暨南大学药学院博士讲师、硕士生导师，新疆沃霖生态有限责任公司技术专家马志国介绍说："种这个肉苁蓉首先它的寄主是梭梭，我们要发展种植肉苁蓉这个产业就首先要保证梭梭林，要有比较大的梭梭林的面积，要扩大人工种植梭梭的面积，这一点是有利于沙漠的生态的保护的，另外种植肉苁蓉以后，从它的应用来讲，不管是作为药品还是食品甚至保健食品，它的应用前景很好，一旦肉苁蓉产量提上去就可以解决市场的需求，我们这个项目也是从做一个产业链来考虑，这样就从种植到下游产品的开发，到销售形成一个良性的产业链。"

肉苁蓉又名大芸，是一种寄生在沙漠树木梭梭、红柳根部的寄生植物，对土壤、水分要求不高，是一种较有前景的、经济效益较高的经济作物。奇台县计划在北部沙漠前沿梭梭林中用 4～6 年时间采用半野生有机化接种肉苁蓉 100 万亩，使沙漠前沿人工梭梭防护林，由生态效益转向生态经济效益林。

目前，全县接种大芸 1 万多亩，今年秋天大芸种植大户将达到 20 户，同时奇台县将建成大芸深加工场，走出一条集接种、加工、销售于一体的特色农业产业化大芸发展之路，实现生态增效、经济增收的"双高"目标。

调研案例五：和田帝辰医药科技有限公司

和田帝辰医药科技有限公司成立于 2007 年，是专业从事新疆特色优势资源管花肉苁蓉产品精深加工，集产品研发、加工、提取、销售于一体的现代化高科技企业。公司生产和检测设施齐全，建立了完善的质量控制体系，生产车间通过了国家保健食品 GMP 认证。公司拥有先进的提取工艺设备，将膜技术首次成功应用在管花肉苁蓉的提取上。

公司注重管花肉苁蓉的人工栽培技术研究与基地建设，在当地政府部门的支持下，建立 4000 亩管花肉苁蓉人工种植基地。在总结人工种植研究工作的基础上，企业深入研究和改进种植栽培技术，联合新疆中药民族药研究所，承担国家"十一五"支撑计划"管花肉苁蓉规范化种植技术研究与基地建设"项目。进行中药材 GAP 种植及生产技术研究，形成了一整套管花肉苁蓉的规范化种植技术，实现符合 GAP 要求和 SOP 规范管理示范管花肉苁蓉种植基地 1000 亩。先后通过了 OCIA 美国有机认证（会员号 44424、生产者号 74171G393 - 06），并获得由 USDA（美国农业部）签发的出口欧美市场的许可证。

公司采用"公司 + 科研 + 基地 + 农户"的经营管理模式，将科学种植技术无偿地传授给当地的农牧民，指导他们进行正确的管花肉苁蓉人工接种、种植、采收的科学技术。使管花肉苁蓉的产量得到了大大提高，提高了管花肉苁蓉的附加值，大幅度地提高了当地农民的收入，促进了当地的经济发展。

新疆和田地处边远，交通不便，远离国际、国内大市场，严酷的气候条件、频繁的风沙灾害、恶劣的生态环境，是造成和田贫困的客观因素之一。受特殊的地理位置和自然条件的限制，和田大农业发展步伐比较缓慢，农业在经济中占主导地位，农业产品结构不合理。目前和田地区累计人工定植红柳面积 28 万亩，人工接种管花肉苁蓉面积 13.98 万亩，其中 7 万亩已产生了经济效益，大面积栽种不仅满足了管花肉苁蓉的生长需要，而且有效地改善了当地的生态环境，这在一定程度上促进了当地农业产业结构调整，带动了当地经济的发展，其生态效益更为显著，达到了经济利益、生态利益、社会利益的有机结合。

作为自治区农业产业化重点龙头企业，帝辰公司借助"产业链"布局，将产品与区域、全国，乃至国际市场相连接，带动区域经济发展，实现农业产业化升级。为公司的长远发展，为新疆农业产业化经营的纵深、推进奠定了坚实的基础。推动了国内欠发达地区健康产业的科学发展。实现了良好的生态效益、经济效益及社会效益。

第四节　存在的问题

一、利益分配不对等

"公司+农户"的形式可以很快实现产业化的操作，产业化程度比较高，但是由于公司和农户地位的不同，导致在利益分配存在严重的不对等情况。"公司+农户"的形式最主要是解决农户经营与市场需求对接的问题，这也是这种模式发展的初衷，农户无法适应市场的需求，在这里，公司充当了中介的作用。但是目前的发展过程中，农户与公司地位不同，农户始终处于弱势地位，在利益分配中处于不对等地位，这也是这种经营模式亟须调整和改进的地方。

二、公司与农户契约关系不稳定

公司与农户仅仅是买卖关系，他们直接的交易是通过契约来完成的，但是由于自然风险和市场风险，这种不稳定的契约关系就会被打破，导致公司和农户蒙受损失。公司和农户都是理性人，由于利益关系连接起来，在面对风险时，很难保证这种契约关系的实行。不仅在沙产业经营中如此，在我国其他产品的经营过程中也面临同样的问题，但是大部分受损失的是农户，公司的损失并不是太大。

三、不完全信息使资源配置效率低下

不完全信息理论是指在市场经济活动中，各类人员对信息了解的差异性；掌握信息比较充分的人员，往往处于比较有利的地位，而信息贫乏的人员，则处于比较不利的地位。

从对上述公司的调研中得知，公司在租用土地时存在不完全信息问题：首先，由于公司在生产过程中不了解当地情况，在投资时很容易失败。其次，公司在生产过程中由于标准不同，生产过程中产品未达标。公司在租用土地过程中主要通过代理机构，受到机会主义的驱使，代理人通过享有自己行为的收益，降低成本转嫁给公司，产生了道德风险，使公司交易成本增加，降低了政府的土地资源配置效率。

四、农民和公司的个体理性行为引起了道德风险

在实际调研中，由于农户拥有土地资源，也会出现农户不愿意出租土地的情况，其主要原因在于：他们认为自己耕种土地要比出租土地产生的效益大，或者他们认为出租土地的风险太大。

由于农业产业化生产周期较长，公司允许农户发展初期进行农作物套种，公司和农户和谐发展。但是，随着农业产业化回报周期的到来，利益双方都为了实现自身的最大利益从事经济活动。农户提出提高雇用费用，公司却引入了竞争激烈机制，提高了公司的效率，但却没有增加当地的社会福利，使本地农民陷入了既不种地又失业的状态。这样，公司雇工就产生了一种"示范效应"，如果当地农民不把雇工价格降低，其他公司也会效仿而雇用外地人降低成本，此时，农民在大量外地农民工进入的威胁下会降低雇工价格，公司在合同的约束下也会考虑雇用当地农民。在公司和农民的博弈中，公司是当地公司，具有完全的信息，和农民的博弈属于完全信息动态博弈。即公司知道耕地被整合到一起后，农民由于种植意见不统一等原因无法独立耕种土地（除非有人带头成立合作社实行联户经营，然而这是很难的），只能出租给公司或种植大户。此时公司认为在资金紧张时拖欠一下农民的租金是可以的。但是农民在公司久拖不给的情况下做出了承诺行动，即承诺如果不给租金，到秋天就把公司种植在自己土地上的沙生产品收回家。公司租用农民土地涉及的农户有数百户，如果同时收割农作物，公司是无法阻止这场行动的，因此公司只能选择合作并付给农民租金。农民通过这种承诺行动使自己的"斗争"威胁变得可置信，此时达到的合作均衡是一个精练纳什均衡。

五、公司追求经济效益最大化时产生了外部不经济

从案例三调研得知，肉苁蓉的寄主是梭梭，为了获取更高的收益，从公司的角度来讲，如果能在当地扩大种植规模并进行深加工，不仅可以使公司获得规模收益，而且也能使当地农牧民的荒地合理有效地利用，还可以带动当地经济的发展，产生社会效益。但是扩大规模意味着要进行密植梭梭，这样就会破坏土壤结构和养分结构，地下水位下降，脆弱的生态环境进一步恶化，公司在追求经济效益最大化时产生了外部不经济，这种发展模式是不利于农业产业化长期发展的。因此，政府在公司发展中会对公司有所限制。

生态环境保护属于公共需求，它是一个漫长的过程，在短短的几年之内很难觉察到。如果只依靠政府种植防护林维持生态平衡，公司容易产生"搭便车"的行为，造成稀缺资源的配置效率低下。若干年之后公司由于扩大规模产生的外

部不经济现象会直接危及当地农牧民的生产和生活，这种"先破坏、后治理"的方式不是我国现代农业的发展方式。因此，为了实现稀缺资源的有效配置和生态保护，政府限制当地农业产业化的发展。公司在与政府博弈的过程中，为了获得长远利益，既可以适度发展，并且种植防护林，实现经济效益、社会效益和生态效益的有机结合，也可以进行深加工，提升产品的价值，实现生态的可持续发展。

六、产权不明晰产生"搭便车"行为和败德行为

从案例二调研情况可知，"公司＋协会＋农户"的经营模式下，公司无法监督协会，协会很容易产生"搭便车"行为。从个人理性角度考虑，每一个人都会追求自己的利益最大化，在缺乏监督机制和激励机制的情况下，协会成员不甘心只获得平均利润，势必会产生"搭便车"行为，从而使公司经营呈现低效率。

协会作为公司和农户之间联系的桥梁，在土地流转过程中，协会可能会利用权力之便租用农户土地，但是由于其能力有限致使稀缺资源——土地的配置效率低下，使农牧民的生活陷入困境，这是败德行为。无论和公司还是和农牧民都没有"风险共担、利益共享"，因此如果协会想继续和公司、农牧民合作，只能诚实守信，否则最终会出现"挤出惩罚"的结果。

第五节　农业产业化经营体制创新主要解决的关键问题

一、深化团场体制改革，实现团场政企职能的分离

按照兵团党委提出的深化团场体制改革的意见，进一步转变团场管理职能，建立既体现团场行政管理职能，又体现团场经济属性的体制机制。完善和健全团场领导体制和工作机制，探索解决国有资产如何经营、团场双层经营中的统与分如何更有效实现、团场机关和连队干部收入分配等问题，加强团场债权管理、财务监督、债务风险防控、业绩考核和经营者奖励与约束等制度，实现团场政企职能的分离，提高国有资产运营效率和效益。

二、创新利益联结机制

兵团出现的新的"统一经营"主体，打破了原先团场"统一经营"一统天下的局面，赋予了职工选择权。团场不能用行政手段强制与职工签订"产品订单

合同"、"农资购销合同"，而同时产业大集团、农业龙头企业也面临着与团场农业经营公司之间的激烈竞争，因此完善创新团场农业经营公司、龙头企业与职工之间的利益联结机制显得尤为重要。应按照"利益共享、风险共担"的原则，积极引导这些"统一经营主体"通过委托生产、保护价收购、入股分红、利润返还、订单农业、风险基金制度等多种形式，让职工分享生产、加工、销售各环节的利益，充分发挥农业产业化带农增收的作用。可以通过订单农业、保护价收购等方式，引导"统一经营"主体与职工形成稳定的购销关系，也可以通过开展定向投入、定向服务、定向收购等方式，鼓励"统一经营"主体为职工提供技术、信息、农资和购销等多种服务。大力推广"团场农业经营公司（龙头企业）＋农工专业合作社＋职工"等新型组织模式，引导职工以资金、技术等要素入股，实行多种形式的联合与合作，与"统一经营主体"形成互利共赢的利益共同体，让职工真正从产业化经营中得到实惠。

第六节 兵团节水生态农业产业化经营体制创新

一、推进龙头企业与农户的利益联结机制创新

在兵团农业产业化经营取得明显成效的同时，也要清醒地看到它在发展过程中存在的一些不和谐因素，比如龙头企业（团场农业经营公司）发展与带动农户不协调，带动农户能力有待提高；龙头企业效益提高与农户增收不协调，农户分享加工和销售环节的利益机制有待完善；部分行业加工产能提升较快，基地建设相对滞后等。产生这些不和谐、不协调问题的原因有多方面的因素，但最本质的是体制机制不完善，关键是利益联结机制不健全。要进一步创新和完善利益联结机制，这是以人为本在推进农业产业化经营工作中的具体体现，也是科学发展观在推进农业产业化经营工作中的具体贯彻。

一是组织创新。要大力发展农民专业合作组织和各类联结农户与龙头企业的服务组织。推广"龙头企业＋合作组织＋农户"和"农产品行业协会＋龙头企业＋合作组织＋农户"的经验。鼓励龙头企业、农业科技人员和农村能人以及各类社会化服务组织，创办或领办各类中介服务组织，培育和扶持专业大户和经纪人队伍，提高农民组织化程度。充分发挥行业协会、商会等中介组织的作用，建立有序的行业自律机制，维护行业内企业和农户的合法权益。

二是机制创新。发展订单农业，规范合同内容，健全合同签订程序，明确权利、责任，逐步实行合同可追溯管理，引导龙头企业与农户形成稳定的购销关

系。通过开展定向投入、定向服务、定向收购等方式，为农户提供种养技术、市场信息、生产资料和产品销售等多种服务。鼓励龙头企业采取设立风险资金、利润返还等多种形式，与农户建立更加紧密的利益关系。引导农民以土地承包经营权、资金、技术、劳动力等生产要素入股，实行多种形式的联合与合作，与龙头企业结成利益共享、风险共担的利益共同体。

三是方法创新。分类研究不同产业的利益联结方式。要分产业、分产品研究不同利益联结方式的规律、规则和约束条件，分析产生发展的内在因素，总结推广不同产业和产品各具特色的利益联结模式，进一步创新完善联结方式，强化约束内容，健全联结机制。

二、推进重点龙头企业履行社会责任制度创新

对于龙头企业，社会各方面的关注度越来越高，在社会经济生活中的作用越来越大，已经成为农业农村经济中最具活力和带动力的市场主体。农业产业化龙头企业与一般工商企业不同，肩负着带动农户增收、促进产业发展的任务。龙头企业在自身做大做强的同时，要更加注重带动农民进行标准化生产，提高农产品质量安全水平；要积极参与和支持新农村建设和社会公益事业，节约资源，保护环境，诚信经营，这些都是龙头企业应该承担的社会责任。要通过多种形式，进一步强化龙头企业的社会责任，重点引导龙头企业积极参与新农村建设。充分发挥龙头企业在资本、技术、信息和市场等方面的优势，通过产业带动、团场与企业互动、投资推动、科技驱动、服务拉动、外向牵动等不同方式积极支持农业生产，参与新农村建设。积极探索逐步建立重点龙头企业社会责任报告制度，强化约束机制。

三、推进重点龙头企业监测制度和统计制度创新

当前，随着龙头企业、中介组织等各类产业化组织的迅速成长，其在农业农村经济发展中的作用和影响越来越大，对行政管理、宏观调控、公共服务等都提出了新的要求。编制产业发展规划，制定产业政策，了解分析农产品供需情况，实施宏观调控和指导，都需要政府部门及时掌握准确的基础数据。对重点龙头企业进行监测管理，实行有进有出、等额递补的机制，是政府运用市场机制管理市场主体的一个重要手段，起到了示范、引导和监督管理的作用。进一步创新工作方法和制度安排，逐步将事后监测转为事前辅导、事中指导和事后监测有机结合，实行全程监测，提高监测质量。农业产业化龙头企业是生产资料的重要消费者，是各类农产品的重要生产者，也是消费市场的重要供应者。要根据新的情况，创新和完善农业产业化统计工作，建立重点龙头企业数据库，及时掌握各类

农产品加工流通企业的原料采购、产品生产、市场消费以及价格变动情况，为指导产业发展、了解农业整个产业链的供需变化以及分析市场供求形势提供科学依据和参考。

四、推进农业产业化政策扶持机制创新

党的十七大明确要求"支持农业产业化经营和龙头企业发展"。要按照十七大和十七届三中全会新的要求认真贯彻落实好中央已经出台的各项支持农业产业化经营的政策措施。同时要根据国内国际经济新形势，认真研究分析农业产业化经营和龙头企业面临的新情况、新问题，提出新的政策建议，制定新的扶持措施，推进农业产业化经营又好又快发展，为国民经济平稳快速发展贡献力量。继续加大扶持农业产业化发展的资金投入，重点支持龙头企业为农户提供培训、技术、信息服务以及新品种、新技术的引进、推广。制定有利于科技创新和促进农产品深加工发展的税收政策，完善金融信贷支持政策。对符合条件的龙头企业的季节性收购资金，在有效防范风险的前提下加快办理，对龙头企业进行科技成果转化给予贷款支持。创新信贷担保手段和担保办法，采取动产质押、仓单质押等多种形式，帮助龙头企业解决抵押困难。

第七节　兵团节水生态农业产业化经营体制创新的政策建议

一、积极宣传节水生态农业思想，加大对违规者的惩罚力度

节水生态农业就是在充分利用降水的基础上采取农业和水利措施，合理开发利用与管理农业水资源，提高水分利用效率和效益；同时通过治水改土、调整农业生产结构，改革耕作制度与种植制度，发展节水、高产、优质、高效农业，最终实现农业持续稳定发展。兵团以及各地方政府应该借助电视、网络、报纸、广告牌等各种媒介宣传节水生态农业知识，使广大农民认识到节水生态农业可以提高水分利用率，减少对资源的浪费，可以保护生态环境，提高农业效率，改善我们的生存环境。

目前，各团场农民甚至普通市民对节水生态农业以及相关产业、产品都缺乏了解，可以在社区、团场开展节水生态农业及农产品展会，社区或团场组织居民及团场农民到附近节水生态农业基地参观，体验节水生态农业产业的播种与收获，提高广大人民对节水生态农业及其产业的认知。

二、加强团场职能转变，完善配套社会化服务体系

（一）推动节水生态农业科学技术研究，加强技术人才培养

政府要加强对节水生态农业科研单位的大力支持，积极推广节水生态农业科学技术。兵团对节水生态农业的研究以及节水生态农业实践起步都相对较晚，由于从事节水生态农业的各方主体的国际关系、资金等有限，所以兵团政府要为节水生态农业主体积极引进国内其他地域以及国外节水生态农业技术，填补兵团的技术空白。政府可以为转换期的生产者和已经认证的生产者提供相应的技术培训和技术指导，使节水生态农业生产者掌握相关的节水生态农业技术，为节水生态农业的长期发展打下坚实的基础。政府可以将科研机构、农业公司、节水生态农业专业合作社、节水生态农业生产者连接为一个主体，在当地为科研机构建立节水生态农业示范基地，将科研机构的新技术、新成果尽早应用到实践中，将研究与实践紧密结合，实现先进科学技术对节水生态农业的渗透，推动节水生态农业快速发展。政府要积极推动科研机构研发有节水生态农业产品深加工技术，提高节水生态农业产品的附加值。

（二）完善节水生态农业及农产品保险机制

处于转换期的节水生态农业遭遇的风险高于常规农业，转换期的节水生态农业由于其技术含量较高，节水生态农业产品相对普通农产品成本更高，农民负担风险较大，因此应该完善相关保险机制，提高农民的积极性。

（三）优化信息服务体系

政府相关部门和节水生态农业研究机构应该利用各种媒介及时、全面地向节水生态农业及其产品从事者介绍国内外节水生态农业与产品生产现状，节水生态农产品加工、储运技术，消费现状，节水生态农业的发展趋势；节水生态农业的最新研究成果，产品更新信息，各国出台的新节水生态农业标准，节水生态农业新技术标准，节水生态农业产品进出口贸易动态，出口目的国的新监测标准等相关信息。为兵团节水生态农业的生产者、加工者、节水生态农业合作社、节水生态农业公司迅速传递国际国内信息，使他们安排好节水生态农业的产前、产中、产后等相关计划。各团场应该鼓励当地企业积极参加各种有机展会，扩大交流范围，获取资源。政府应该利用互联网，介绍当地资源优势，发布节水生态农业信息，节水生态农业产品产量与质量，建立节水生态农业产业数据库，一方面有利于投资商掌握信息；另一方面有利于消费者了解产品质量，扩大消费市场。

（四）建立计划与市场相结合的农资流通新型体制机制

通过上文分析，得出职工和承包户由于农作物种类和种植面积不同，对农资需求越来越多样化。对此，唯有采取计划与市场相结合的办法，即大面积作物所

需品种比较单一的大宗农资由计划供应，小面积、小品种作物所需量少、种类繁多的农资由市场供应，才能适应形势发展的需要。非公有制经济的快速发展、国家"万村千乡"市场工程的逐步实施以及最近国家决定建立以市场为主导的化肥价格形成机制，为团场建立计划与市场相结合的农资流通新型体制机制提供了条件。师、团有关部门应提高这方面的前瞻性和主动性，把灵活性较强的非公有制经济融入农资供应领域中来，使农资服务更加健全和便捷，更具生机与活力。具体措施如下：

（1）对于粮食、棉花等大面积种植作物，完善"一票到户"供给模式。兵团对于粮食种植有严格的规范，粮食主产区团场出于粮食安全战略的要求必须种植粮食，保障粮食供应。而棉花连续多年是兵团的主要经济作物，兵团的棉花产业链正逐步完善，所以棉花也是兵团的大宗经济作物。而且，兵团目前进行的高标准农田建设项目也是针对粮食和棉花作物的，保障粮食和棉花作物的种植面积和产量在兵团农业经济发展中有着重要的战略地位。所以，对于这种大宗作物的农资产品进行计划性的统一采购是成本和交易费用最低的方式。"一票到户"供给模式可以满足这些大宗作物的农资需求，而且可以发挥兵团的高度集中和效率优势。为了完善市场机制，促进良性竞争，在选择农资公司时可以抛开限制，不仅师农资公司可以参与，其他有实力、满足要求的农资公司都可以参与进来，让团场和职工有更多的选择范围。

（2）对于小面积、小品种作物的农资产品，完全由市场机制选择。除了棉花和粮食，还有很多小面积、小品种的作物，比如甜菜、油料作物、葡萄等。这些作物市场需求量不大，不属于团场普遍种植的作物，但是也有团场重点种植这些小品种作物，比如八师的152团主要种植葡萄。而一般的师农资公司供应的农资产品是针对粮食和棉花的，不能有针对性地满足这些团场的需求。兵团应当允许各种性质的农资公司进入这些团场提供农资产品，这些团场可以以团场为单位，对农资产品进行招标购买以降低交易费用和节约成本，也应该允许职工自行选择购买方式。这就需要农资市场完善、具有活力，团场对于农资市场应该加强监管，提高准入机制，防范虚假农资和以次充好的农资进入职工家中，而损害职工收入。

（五）监管农资交易平台，提高市场准入制度

兵团工商行政管理部门要认真执行上述重农资商品的各项市场准入制度，严把农资经营者准入关。要严格依据相关法律、行政法规和国务院规定，履行农资经营者资格审查职责，重点检查前置审批证件是否有效和经营资格是否合法等。对于无照经营和违反工商登记法律法规及国务院有关政策规定的，一律适用国务院《无照经营查处取缔办法》和相关法律法规的规定，予以定性查处。

通过调查发现通过"一票到户"模式购买的农资产品因为与农资厂商有较稳定的合作关系、购进量大，所以农资产品质量较有保证，兵团对这种农资集中招标采购方式的监管也较为严格。相对来说，对于农资零售形式则缺乏严格的监管，例如石河子市大转盘的农资一条街上的农资零售店很多，进入门槛较低，基本是只要有营业执照都可进入。所以，兵团各师不仅要继续严格把关农资公司进购的农资产品，对于农资零售和连锁形式也要严格把关，提高市场准入制度。

三、促进节水生态农业产业化发展

（一）结合区域特征，积极招商引资

兵团政府以及各团场要根据当地的资源优势，围绕区域主导产品积极引进有实力的节水生态农业企业，并培育地方节水生态农业企业。

一是坚持以市场为导向发展相关企业。相关企业的发展必须根据国内外节水生态农业产品市场的需求情况以及发展趋势，结合当地的资源优势生产以及加工农产品，保证产品质量，培育品牌产品，提高产品的知名度，增加有关企业的无形资产。

二是政府引进或培育节水生态农业企业时，要因地制宜，从当地的生产力水平出发，合理布局，循序渐进，不能急功近利，损害农民的利益。

三是首先发展有资金实力、有市场渠道，已经形成节水生态农业产业化的企业，参与国内外市场竞争，扩大国内外市场份额；其次培育地方节水生态农业企业，向深加工企业发展，增加产品的附加值，发展一批集精深加工与高科技含量的公司，提高节水生态农业经济效益。

（二）完善社会服务体系，优化外部环境

一是加强基础设施建设。基层团场的基础设施很落后，地方政府在培育节水生态农业公司的同时，要加强团场的基础设施建设，如修建道路，降低节水生态农业公司的运输成本；搭建信息通信设施，使农户和公司的管理人员快速获得节水生态农业市场信息；重视农田水利的修建，保证节水生态农业生产过程中水源的供给。

二是优化融资环境。节水生态农业公司的资金实力虽然远远高于其他市场主体，但公司面临的一个主要问题仍然是资金紧缺，充足的资金是节水生态农业公司运营的基础。目前，兵团为相关公司提供的融资环境很差，融资渠道不畅。所以，兵团政府以及有关部门要为节水生态农业公司开拓融资渠道。金融机构以及合作基金协会应该在节水生态农业公司贷款额度、利息、抵押担保等方面给予优惠。有效组建专门为节水生态农业公司服务的农村信用合作社，为节水生态农业公司提供一定额度的贷款以及贷款担保。

三是兵团政府要不断完善土地流转制度。在保障农民对自己耕地的承包经营权的基础上，可以将耕地的经营权依据流转制度流转给节水生态农业公司，使公司集多数农户的耕地的经营权于一体形成一定的规模，达到节水生态农业生产的规模效应。同时也将节水生态农业公司和农户连接为一个利益共同体，农户和节水生态农业公司共同发展节水生态农业，共担风险、共享利益。

　　（三）监督履约情况，提高履约率

　　兵团政府部门要监督农户与节水生态农业公司之间的履约情况，在必要的时候督促双方进行履约，政府要定期检查节水生态农业公司与农户签订的合同条款是否平等，对不平等条款可以及时给予修正。对于拒收缓收、不交或延迟交货行为以及抬价交货或降价收货行为，一定要严厉处罚，以使节水生态农业公司与农户建立长期的稳定契约关系。兵团政府要积极鼓励农民与节水生态农业公司签订与整个节水生态农业产业链相关的合同，而不仅仅是收购合同，使农民不仅分配有机农产品生产环节的利益，同时也分配节水生态农业加工、销售环节的高附加值利益。政府要尽力规避节水生态农业公司为了利益最大化，而将自然风险以及市场风险转嫁给农户，损害农户利益的行为。

四、完善节水生态农业产业化扶持政策

　　（一）对节水生态农业实行补贴政策

　　在节水生态农业补贴政策方面，政策的内容应该涵盖节水生态农业产品从"田间到餐桌"的各个环节。

　　第一，转换期补贴政策。节水生态农业补贴政策对于处于转换期的农业起非常重要的作用，相关部门应对转换期制定相应的补贴措施，处于转换期的节水生态农业生产者的收入有限。而转换期的各种程序和相关技术要求以及施肥、病虫害控制是按节水生态农业标准执行的，所以转换期的成本很高。转换期又难以吸引企业前来投资，国家应该给予重视，实施补贴政策，促进农民由常规农业向节水生态农业转换，提高农民发展节水生态农业的积极性。

　　第二，对在市场销售的节水生态农业产品实行补贴。兵团最初发展节水生态农业的动力之一就是解决兵团所处地区水资源相对缺乏的严峻问题，降低农业产品生产成本，从而增强兵团农产品在国内与国际市场上的竞争力。出口到国内或国际市场，在运输过程中存在很大的风险，例如，空运时间短，保鲜度好，但空运的运费很高；海运运费低，但速度慢，运输时间长，为了提高保鲜度会采用多层包装，增加成本。我国有庞大的农业产品消费群体，开拓国内市场势在必行。国内市场农产品价格较低，农民增收情况不佳。兵团政府应对市场进行节水生态农业产品销售的节水生态农业生产者给予补贴，弥补其销售带来的损失。

（二）对节水生态农业产业化各阶段实行税收优惠政策

税收是调节经济的重要手段，在节水生态农业产业化过程中，税收部门应该对不同的参与主体、不同阶段的农业产业化制定不同的税收政策。转换期的节水生态农业的生产收益低、成本高，对该阶段的节水生态农业生产者应该实行减税政策，降低生产者的投入成本，以吸引更多的资金投入转换期节水生态农业中。对进行节水生态农业产品加工的企业可以缓征所得税或减税。对于节水生态农业产品专卖店或配送中心可以采取减税政策。对于免税、减税政策可以设定一定的金额和年限，到了减税或免税年限后，再根据各个节水生态农业产业化主体的发展情况予以调整。

节水生态农业要以团场为依托，发展节水生态农业及其产业化，兵团政府要针对农民建立有效的激励政策，从而影响农民的选择。对从事节水生态农业生产的农民要实施补贴政策，而且补贴的额度要达到农民的收益高于成本。在节水生态农业生产地区建立农业生产保障机制和农业社会保险，稳定农民的长期节水生态农业收益。兵团政府要积极引导青壮年接受节水生态农业及其产业化的技术与知识培训，使他们从事高附加值的节水生态农业生产，推动基层团场的节水生态农业及其产业化快速发展。兵团政府以及相关部门要建立节水生态农业及其产业化健康发展的有效机制，协调好农村的建设用地、耕地、林地之间的比例关系。加大农村基础设施及农业设施建设。在农村广泛建设信息通信设施，铺设网络，发展电子商务贸易，降低交易成本，并积极引导农民将节水生态农业及其产业化转向专业化、集约化和规模化。

第五章　节水生态农业生态补偿机制

　　兵团所处地区大多属于干旱区，存在着严重的缺水问题。因此，发展节水生态农业是兵团农业可持续发展的必然选择。持续的干旱化是兵团水资源匮乏、生态环境脆弱的根本原因，这种不利的自然条件长期制约着兵团农业的可持续发展。如何在保护生态环境的前提下，依靠有限的水资源支撑更大的农业生产规模，是实现农业可持续发展必须解决的重要问题。目前兵团农业的经济发展主要集中在各内陆河流域内，因此，水是比土地更宝贵的稀有资源，有水就等于拥有土地，有水就有生机，有水就会有农业。

　　水资源作为兵团农业可持续发展的重要生产要素，其稀缺性严重制约着农业发展规模和增长速度。一般影响水资源配置效率的因素主要包括：水资源状况、节水技术与制度设计。通常水资源具有自然禀赋性质，而节水技术进步则可以提高水资源的利用率和配置效率。然而，节水技术要经过节水主体的使用才能发挥作用。因此，在资源与技术既定的前提下，影响人们经济行为的外部条件主要是制度，在于制度安排形成怎样的约束与激励。从长远看，技术的进步和制度的完善是克服水资源稀缺，推动农业不断向前发展的有力武器。同时，人们越来越意识到单纯就资源论资源，单纯就技术论技术，就节水论节水已经很难更有效地达到节水的目标，必须将水资源与农业生产、生态环境、管理、技术、社会环境等联系起来，研究设计与之相配套的制度，才能达到提高水资源的利用率和农业节水目标。目前，各种单项节水技术都有节水功效，如何激励节水的微观主体——农户主动使用节水技术，如何设计促使地方政府把节水工作纳入政绩考核之中显得尤为重要。鉴于此，研究兵团节水生态农业生态补偿机制实为当务之急。这将对推动兵团农业可持续发展和生态环境改善发挥重要作用，同时，对全国其他地区节水农业的发展也有一定的借鉴作用。

第一节　构建兵团节水生态农业生态补偿机制的意义

　　生态补偿机制作为一种有偿使用自然资源与生态环境的新型管理模式，试图矫正生态环境在成本收益中原有的错位扭曲关系,用"资源有价"的观念重新审视生态环境资源,重新评价生态环境资源在经济建设和市场交换中所体现出的价值,为生态资源参与市场化运作创造条件。生态补偿作为一种资源环境保护的经济手段,与行政命令控制型手段相比,具有更强的激励作用及长期性、稳定性和更加灵活多变的管理形式。

长期实行的僵化的计划管理体制和福利性的供水制度,使得兵团农业用水管理制度一直缺乏有效的激励机制来促进高效节水生态农业的发展。尽管兵团在农业用水管理制度改革方面作了很大的努力,取得了一定成绩,但在节水和提高用水效率的激励机制方面的进展却不大。节水行为缺乏经济激励,节水者得不到应有的经济回报,这种节约资源及其经济利益关系的扭曲,不仅使农业节水工作面临很大的困难,而且也威胁着绿洲经济与农业和谐发展。要解决这一问题,必须建立一种能调整相关主体资源利益及其经济利益的分配关系。实施激励农业节水行为政策,就是生态补偿机制的政策含义和目标。建立生态补偿机制既是农业节水的紧迫需要,也是保护生态环境和建立和谐社会的重要措施,具有重要的战略意义。

农业节水补偿机制是激励农业节水深层次的问题,有效的补偿机制对促进农业节水具有更广泛的影响和重要的现实意义。补偿不是简单的经济补贴,而是从制度上、运行机制上着手,通过投入体制、管理体制的创新,引入市场化管理理念,应用政策手段、市场手段等方式来消除灌区和农户在农业节水实现过程中的准入门槛,并形成长效激励机制,以确保农业节水生态补偿运行下去。农业节水补偿机制的建设和完善是真正实现农业节水的有效保障。

一、推进兵团农业节水的持续性

建立农业节水生态补偿机制,是依靠经济手段,实现"节水就等于增产"的法则。激励奖励农民、组织机构、地方政府的节水行为,确定补偿原则、标准和方式,引导农民、组织机构、地方政府的节水行为,才能实现农业节水的持续性。

二、实现国家节水目标与团场发展目标与农户经济目标的统一

节水是国家目标,其与兵团农业发展目标、农户用水从事农业生产的目标是有差异的。在兵团政治经济体制下,农户耕种土地面积较大,过分依赖于土地产出,为保证作物足量用水,提高水价及超额用水加价收费的办法,对农户用水有一定的约束,但农户为了保证作物不减产,在一定的价格幅度内,可能采取不节水行为。兵团用水发展经济,以完成政绩考核为目标,也可能采用不节水行为。

要使农业节水成为农户、团场共同行为，就要设计对各节水主体都有激励作用的制度。节水生态农业生态补偿机制从农业节水的微观主体——农户节水激励机制和团场节水的政绩考核体系的创新出发，设计出对节水主体都有激励的机制，达到国家节水目的与兵团发展目标、农民经济目标的统一。

三、可推进兵团农业产业结构调整，促进"三农"问题的解决

节水生态农业生态补偿机制可以使农户节水的成本得以补偿，有利于兵团农业产业结构调整，促进农业产业向水资源消耗少、环境影响小、结构效益高的方向发展，也是促进农民增收、农业增产增效、农村可持续发展的重要策略。

四、可保护生态环境，实现生态安全目标

兵团地处我国重要的风沙源头区、生态屏障区。建立农业节水生态补偿机制可使节约的水资源用于生态敏感区、生态退化严重区、重要生态功能区的生态修复，将有更多的水用于生态建设，可以保护生态环境，实现生态安全目标。

第二节　兵团节水生态农业生态补偿现状分析

在兵团党委的高度重视和领导下，经过兵团广大职工的积极努力，兵团节水灌溉建设取得了令人瞩目的成绩。据兵团节水灌溉建设办公室统计，截至2012年7月，兵团在农业生产中应用的现代化节水灌溉面积已达1100万亩。节水灌溉的发展对推动兵团农业生产、缓解水资源紧缺局面、改善农业生产条件、促进农业结构调整发挥了重要作用，为兵团的农业生产稳产高产奠定了坚实的基础。目前，兵团已成为我国在大田农业生产中应用微灌节水技术、发展节水农业的最大地区。

一、补偿主体单一，纵向补偿为主，缺乏生态横向转移补偿机制

兵团节水生态农业生态补偿经费主要来源于中央主管部门投资、兵团财政拨款两个方面。这在一定程度上对团场职工采用节水等保护生态环境而影响经济发展的机会成本，或承受历史遗留生态环境问题给予了一定的补偿。由于生态属于公共性的物品，兵团各个团场遍布于新疆各个地方，因此，受益主体不但是兵团和自治区甚至延伸到东中部，生态服务提供者和受益者在地理范围上的不对应，导致兵团职工生态服务提供者无法得到合理补偿，形成"少数人负担，多数人受益"、"贫困地区负担，富裕地区受益"的不合理局面。而且区域之间、不同社

会群体之间的横向转移支付微乎其微。

二、生态补偿体制部门色彩强烈，补偿管理部门多元化

生态环境保护管理分别涉及林业、农业、水利、国土、环保等部门，但这些部门主导着生态保护政策的制定和执行，生态补偿实际上成为"部门主导"的补偿。而节水生态农业补偿属于农业部门，因此由农业部门来负责。这种以部门为主导的生态补偿，责任主体不明确，缺乏明确的分工，管理职责交叉，在监督管理、整治项目、资金投入上难以形成合力，资金使用不到位，生态保护效率低，造成生态保护与受益脱节。

三、团场职工节水资金不足，生态补偿资金低下

目前兵团的节水灌溉技术主要采用膜下滴灌、喷灌等，而这些节水设备都需要较高的费用。例如，首部系统中一个移动过滤器的价格就在 19000 ~ 46000 元不等，更何况一整套设备。根据调查，仅田间工程，喷灌每亩一次性投入 350 元左右，膜下滴灌每亩 600 元左右，全自动作物根层滴灌每亩 1200 元左右，每年的成本分摊额较大。

为了支持农业的发展，国家给予兵团节水灌溉方面的优惠措施，如国家对排灌机械类中的滴灌过滤器和滴灌施肥搅拌器给予 25% 的财政补贴率；对生产销售和批发、零售滴灌带和滴灌管产品免征增值税；对新疆最大的节水材料生产企业的天业集团采取在计划内原材料的进口上享受全额退增值税和减征关税，在产品销售上享受免征增值税的优惠政策；对职工购买膜下滴灌设备（主要补贴首部、干管、支管等公用部分，户用部分可根据情况给予适当补贴）进行补助试点工作。2007 年国家还开展了良种补贴的政策等。这些补偿措施尚未真实落到实处，据我们调研时发现，大部分团场在购买节水设备时，却并未享受到真正的实惠。

四、兵团节水生态补偿资金来源少

兵团节水生态农业生态补偿经费主要来源于中央主管部门投资、兵团财政拨款两个方面。由于兵团只有少量的财政收入和税收，而现行税制中目前只有少量的税收措施零散地存在于增值税、消费税等税种。针对节水生态农业的生态环保的相关税收措施也比较少，另外，生态补偿收费缺少科学依据，标准偏低，影响了政府及团场职工采取节水等保护生态环境的积极性。

五、"要温饱还是要环保"的两难抉择

兵团节水生态农业属于典型的绿洲经济，生态环境极其脆弱。团场一方面依

靠有限的高山冰雪融水灌溉农田,保障人民生活与社会经济发展;另一方面又要保护生态环境,防止土地盐碱化与荒漠化。因此,兵团节水生态农业面临着"要温饱还是要环保"的两难抉择。而且职工的生态行为并不能得到相应的经济回报,往往会陷入生态效益好而经济效益不佳的"怪圈"。兵团以农业生产为主,团场职工收入的增加主要依靠耕地面积的扩大,大面积开荒增加了对生态环境的破坏,陷入"开荒—破坏—开荒"的怪圈。

第三节 兵团节水生态农业生态补偿机制运行对各利益主体的影响

生态补偿机制的利益主体是参与生态活动的各关系人(自然人和法人),其包括公共主体和市场主体。

生态补偿机制的公共主体是政府及各类相应的机构和组织。由于生态经济的公共性,决定了政府作为公共主体参与生态活动补偿的必然性和重要性。另一类公共主体是各类相应的组织机构,包括由于执行政府职能或共同的公共目标而产生的非营利性组织和在自发的基础上产生的营利或非营利性组织机构。市场主体是生态补偿的微观实施主体,主要是指直接与生态资源发生关系的各关系人。从与生态资源的关系角度看,可以分为生态资源的保护者、破坏者和受益者三类;从生态补偿的利益关系角度看,可以分为生态受益者(补偿费用的支付者)、受损者(补偿费用的获得者)及公共主体的利益分享者。

以下讨论兵团生态补偿机制运行中对各利益主体的影响。

一、对国家及各级政府的影响

生态环境补偿政策的确立以及相应补偿机制的建立和健全,有利于确保资源的开发利用建立在生态系统的自我恢复能力可承受范围之内,是国家可持续发展战略的基本要求,也是国家生态保护与建设的核心环节。它通过受益地区、行业对生态保护付出代价、做出贡献的地区、行业及生态保护者提供应有的补偿,达到生态环境质量的改善,从而促进国家经济与生态环境的全面、协调和可持续发展。

节水生态农业的生态资源是具有很强公共性的物品,生态的受益主体往往很难界定,尤其是兵团各个团场遍布于新疆维吾尔自治区的各个地方,因此各级政府是生态补偿的重要的主体之一。兵团节水生态农牧业的补偿机制的有效运行要求政府相应的资金支持,短期内,它可能会加大政府固定的财政支出压力;而从长远看，它有利于提高地区的自我发展能力，促进经济的良性循环和持续发展，经济的发展必然带动政府收入的增加和原有因贫困造成的对低收入家庭和无自生能力企业财政补贴支出的减少，同时，其他生态受益者提供的补偿也弥补了国家财政拨款的不足，降低了政府的财政负担。

二、对团场职工的影响

团场职工作为节水生态农业的生态资源培植者和维护者。长期以来，他们为传统的生态经济发展模式中权利和义务不平衡，无法获得应得的经济效益，在这种不合理的激励机制下，团场职工缺乏足够的经济动力和能力去持续进行节水生态农业的生态保护工作和发展生态经济。节水生态农业的补偿制度的建立，就是要维护各地区、各行业之间利益的动态平衡，保证团场职工自身利益的有效实现，调动团场职工的积极性和主动性，使他们在生态补偿机制中成为补偿费用的获得者，势必有利于兵团乃至全国生态环境保护的顺利开展和生态经济的持续发展。

三、对生态环境资源的使用者和破坏者的影响

节水生态农业的补偿机制要求生态资源开发利用者根据规定在获取经济效益的同时，要对污染环境、破坏生态所造成的经济损失进行赔偿，承担生态补偿责任，支付环境成本。这势必会在一定程度上遏制其污染和破坏生态环境的行为，从而促使生态资源开发利用者更合理、更有效地开发和利用宝贵的生态资源。企业在进行生产的同时就要计算生态环境的损耗。一方面，为减少生态成本，企业必须采取措施减少环境资源的破坏、污染和占用；另一方面，对已发生的生态环境成本必须付出相应的代价，而这部分代价会换取未来更大的收益，这种补偿机制形成的微观经济循环会换来生态环境和经济发展的良性大循环。

四、对节水生态农业生态资源受益者的影响

生态环境是一个有机联系的、不可分割的统一体，它具有无国界性和无区域性的特点。因此节水生态农业的建设与保护，不仅为该区域提供了生态服务，还对整个国家乃至全球发挥了生态维护作用。因而，受益主体对保护主体提供适当的经济补偿是公平原则的要求，体现社会正义。

节水生态农业的生态补偿机制的建立和运行可以改变无偿使用生态资源的习惯，迫使团场城镇居民乃至自治区地方的受益者和发达地区的受益者向团场职工支付补偿费。这样，才能真正实现生态环境资源保护下的发展。

第四节　兵团节水生态农业生态补偿运行机制构建

一、节水生态农业节水补偿机制建立的原则

（一）"谁破坏、谁恢复，谁受益、谁补偿"的责任原则

建立节水生态农业生态补偿机制必须坚持"谁污染、谁治理，谁破坏、谁恢复，谁受益、谁付费"的原则。农业生态环境污染造成的是环境公害，污染者不但要为污染行为付出代价，而且有责任和义务对自己污染环境造成的损失做出赔偿。同样，环境受益者也有责任和义务对为此付出努力的地区和人民提供适当的补偿。这样，才能鼓励大家共同为保护生态环境做出贡献。

农业生态环境破坏者必须通过缴纳补偿费或完成生态恢复工程的形式，负担起与生态环境损害相应的经济、社会责任。同时，良好的生态环境为生产、生活提供了保障，受益者也应适当付费并尽相应的环保义务。凡是从生态建设中获利的受益者，包括自然资源的开发利用者、污染物的排放者、资源产品的消费者和其他生态利益的享受者，均应对生态环境的自身价值予以补偿，以避免经济生活中存在的"搭便车"现象，促进兵团乃至西部生态环境的改善和保护。

（二）公平、公正的分配原则

节水生态农业节水补偿是社会资本和财富的再分配和分布过程，受益地区和群体将部分财富和资本补偿给保护区群众，改善保护区群众生活条件和生产条件，提高保护区群众的生活水平，增强保护区地区的发展能力和实力，促进保护区的经济发展，缩小地区差距，促进社会公平，促进区域间协调发展，抑制和消除因生态保护引发的社会摩擦冲突，缓解区域间的紧张关系。

（三）政府主导，市场推进的组织原则

节水生态农业的生产带来的生态环境的改善属于公共事业，由于生态产品的经济外部性及公共产品的存在，加之市场条件不完善，必然会出现市场失灵，这就需要政府在建设中起到主导的作用。政府主要依靠法律手段、经济手段和必要的行政手段发挥在环境保护中的作用，科学地界定生态建设者和破坏者的权利和义务，制定相关法律法规，规范生态补偿的形式与标准，筹集生态补偿所需要的人、财、物和技术等，科学合理地分配到生态建设各领域，完善生态建设补偿网络，提高运行效率，实施有效监督。同时节水补偿存在着利益机制，所以应当积极发挥市场机制在调节各种利益行为的作用，使得各种资源得到有效的配置，提高节水补偿的效率，实现生态环境的价值，增加生态建设的融资渠道，促进生态

建设补偿的产业化发展。

（四）因地制宜、分区补偿的实施原则

兵团地区面积辽阔，自然历史条件复杂，区域差异明显，无论从水平地带性还是垂直地带性上来看，其节水补偿都有较大的差异，所以不同的区域就面临着不同的补偿标准问题。因此，应把需要节水生态农业节水补偿的地区按生态环境的现状和问题进行规划分区，划分出不同的补偿类型区，因地制宜，实行分区补偿。

（五）"专款专用"的原则

对于节水生态农业生态补偿这个项目，属于生态功能区恢复工程，在经费的使用方面可能会涉及向国家申请专项基金，要保证所申请的生态建设专项基金真实地应用到向节水生态农业生态补偿项目中。必须加强管理和监督，坚决避免专项基金的挪用和滥用现象。

二、兵团节水生态农业生态补偿机制的结构分析

节水生态农业生态补偿是促进生态环境与农业协调发展的基础，合理的补偿机制能促进生态环境建设的顺利开展，保障生态建设目标的实现。但是，生态补偿是一项复杂的系统工程，涉及不同的生态补偿主体、客体，确定生态补偿的标准以及补偿方式等，同时还要有相关的法律、政策等来协调，因此，应该建立一个系统的补偿机制，以此促进生态建设的顺利开展，如图5-1所示。

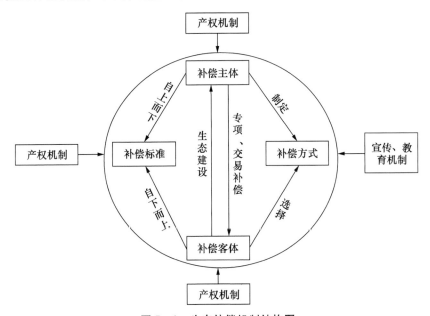

图5-1　生态补偿机制结构图

（一）生态补偿主体的界定

根据公共产品受益范围，可分为全国性公共产品和地方性公共产品。也就是说，全国性公共产品在国家主权范围内不受地理空间的限制，而地方性的公共产品则受地理空间的限制。前者由中央政府提供，后者由地方政府提供。如图5－1所示，节水生态农业生态补偿机制应建立以中央政府和地方政府为主，以市场为辅的补偿主体，以科学合理的补偿方式，通过对补偿对象的合理补偿，促进兵团生态建设与农业可持续发展。依据"谁破坏、谁恢复，谁受益、谁补偿"的责任原则，节水生态农业生态补偿的主体应包括国家、社会和兵团自身，具体可分为国家补偿、社会补偿和自我补偿。

（1）国家补偿。国家补偿是指中央政府对节水生态农业的建设者给予的财政拨款和补贴以及制定相关的法律法规政策等。兵团节水生态农业的实施是以花费团场职工的利益为代价的。要使这一节水生态农业工程永续发展，作为代表全国人民的中央政府就有责任和义务对受到利益损失的地区和职工提供补偿。补偿应侧重以下几个方面：一是围绕节水生态农业的节水设施所发生的费用；二是对兵团的基本水利建设投入；三是对某些生态条件严酷的团场可采取多次补偿。

（2）社会补偿。社会补偿包括除中央政府之外的各种形式的社会团体、企业等对采取节水生态农业的团场职工的资助。鼓励建立一些民间环保建设补偿组织，筹集社会资金投入到节水生态补偿中去。

（3）自我补偿。自我补偿是指兵团农业占用农业资源获得收益后对生态环境进行的补偿，也可以叫作区域内补偿，这也是现阶段我国生态建设补偿中除国家和社会补偿外的一个重要的辅助手段。因为从长远来看，兵团自身也是节水生态农业中最大的受益者。因此，现行的节水补偿政策应以国家补偿和社会补偿为主，自我补偿作为补充的办法较为切实可行。等兵团经济发展到一定的阶段，有一定的经济实力，再逐步转变为以自我补偿为主，以国家和社会补偿为辅。

（二）补偿客体的界定

补偿客体也称为补偿对象，主要是团场职工和其他的生态建设主体，补偿客体是主动采用节水农业措施与技术并希望得到补偿的一方。在所构建的兵团节水生态农业补偿机制中的补偿对象主要为团场职工。农业生态建设具有"少数人负担、多数人受益"等明显的外部性特点。节水生态农业生态建设者，不仅要投入大量资金，植树造林、购买和负担节水设备等，而且还要退耕还林还草等，这必将影响团场经济社会发展和职工生活水平的提高。而团场职工将生态保护好了，具有明显的利益溢出效应，即受益地区可以免费享受生态保护的好处。兵团的节水生态农业中明显存在着成本收益的空间异置特征、外部性和"搭便车"等现象，必须通过保护地区和受益地区之间的经济补偿来克服。如果实施保护的地区的团场职工能够得到一部分经济补偿和经济援助，使经济损失控制在生态建设者和环境污染治理者能够承受的范围内，那么团场职工就愿意积极进行生态建设和保护；相反，受益地区不给予保护地区以经济补偿，就不会产生保护地区为受益地区生态需求进行考虑的足够动机和激励作用，必将导致生态破坏的恶性循环。如果要保持这种投资的持续性，就要通过制度创新解决节水生态农业生态保护者的合理回报，其结果的最好效力就是将各种制度制定为法律予以实施。

（三）节水生态农业生态补偿方式

补偿方式是补偿主体对补偿客体进行补偿时所采用的方式，节水生态农业节水补偿方式主要包括资金补偿、实物补偿、政策补偿、智力补偿、其他补偿等。①资金补偿。资金补偿指由补偿主体对补偿对象提供的资金支持，如政府对农业节水工程建设的投资，对工程管理维护的资金补贴，对农户的直接节水补贴，对农业节水工程的政府贴息贷款等。②实物补偿。实物补偿指补偿主体以实物的形式对补偿对象进行的补偿，如水权受让方为获得农业节约的水而兴建的农业节水工程，政府对农户提供的节水设备等。③政策补偿。政策补偿是上级政府通过制定优先权和优惠待遇的政策对下级政府进行补偿。针对兵团节水生态农业具体情况制定关于财政税收、投资项目、产业发展等方面的政策以促进节水生态农业的可持续发展。政策补偿的主体是国家，客体是团场职工。④智力补偿。智力补偿是由生态补偿的主体向客体提供无偿技术咨询和指导以培养节水生态农业的专业人才、技术人才、管理人才等。主要包括节水技术补偿、市场信息支持等。节水技术补偿包括节水器具的使用方法辅导、节水灌溉技术的普及、节水农艺的推广等；市场信息支持指各团场根据实地调查，及时让职工了解适宜当地种植的农产品品种及市场需求情况，并为职工打开市场创造一切可能的条件，如鼓励订单农业，提倡"企业＋基地＋农户"的模式。⑤其他补偿。其他补偿包括对有较大贡献的节水者进行颁奖，在媒体上宣传报道突出的节水行为等。

资金补偿和实物补偿等"输血式"补偿方式是当前兵团节水生态农业生态补偿中主要采用的补偿方式，如退耕还林、还草工程中所采用的补偿方式，这些补偿对促进节水生态农业的可持续发展具有重要的作用，通过资金补偿和实物补偿可以缓解退耕农户暂时的困难，保障他们基本的生活，促进生态建设工程项目的顺利开展。但是，当前所采用的资金补偿和实物补偿都是为了解决退耕农户基本生活问题，没有将后续产业的发展与生态补偿结合起来，也就是没有建立起一种长效的补偿机制，因此，在当前生态补偿方式的基础上，应该根据补偿主体和补偿对象的实际，建立多种补偿方式。补偿主体可以设定多种补偿方案，由补偿对象选择，如在采取资金补偿和实物补偿的同时加上政策补偿，就是制定特殊优惠政策，补偿对象在进行其他经济活动时给予一定的优惠；资金补偿、实物补偿和智力补偿相结合，这就是在保障补偿对象基本生态的同时，通过专门的教育培训，使他们能有一技之长，为拓宽就业面创造条件；此外，还可以根据实际需要建立不同的生态补偿方式。补偿对象可以根据自己的实际情况选择补偿方式，在不同的补偿方式中选择一种最适合自己发展需要的补偿方式。当然，在该补偿机制中的补偿方式不再是以解决补偿对象的基本生活为目标，而是在解决基本生活的同时提高他们的发展能力。

（四）节水生态农业生态补偿标准

补偿标准的制定有多种方式，当前大多数生态建设补偿标准的制定都是自上而下制定的，如退耕还林、还草工程中的补偿标准，就采用这种方式。这种制定补偿标准方式的一个明显的缺陷就是不利于调动团场职工生态建设的积极性，因为自上而下确定补偿标准时容易造成"一刀切"，这样就会导致一些地区"补偿不足"而一些地区"补偿过度"。合理的补偿标准是提高补偿资金利用效率、实现生态建设工程顺利实施的关键，因此，在该补偿机制中的补偿标准是采取自上而下和自下而上相结合的方式制定的，也就是政府制定生态补偿标准的一个大体范围，团场职工应该提出自己对生态补偿标准的要求。团场职工仔细核算采取节水生态农业的成本、预期收益等，决定自己希望得到的补偿方式，在此基础上确定期望得到的补偿标准。补偿主体在获得补偿对象的诉求后要对其补偿标准进行核算，如果是在合理的补偿范围内就可以与其签订协议，如果不是在合理的补偿范围内可以拒绝签订协议，这种自上而下与自下而上相结合的确定生态补偿标准的方式，可以调动团场职工的积极性，提高生态建设资金的利用效率。

此外，还有生态补偿的配套机制，主要包括产权机制、法律机制、生态建设效益评价机制和宣传教育机制等。产权机制在生态补偿中的作用主要是明确界定不同主体的权利与义务，充分调动各主体的积极性。生态环境产权虚置是一个历史问题，特别对西部地区来说更是如此，这不仅制约了生态建设的开展，同时也制约了社会经济的发展。因此，在生态建设过程中应该建立完善的产权机制，明确界定所有权、使用权、收益权等，在此基础上要建立完善的产权交易市场，使生态建设主体投入可变成相应的收益，从而加速生态建设的进程。法律机制主要是通过生态补偿方面的相关法律法规，对生态建设过程中所涉及的不同主体的权利与义务进行约束，保障各主体权利的实现，进而促进生态建设工程的顺利开展。生态建设效益评价机制是对生态建设的过程和结果进行评价的机制，它对保障生态建设目标的实现具有重要的意义。生态建设效益评价主要有过程评价和结果评价两大类：过程评价就是对生态建设各个阶段的评价，评价的结果决定是否实施补偿进而继续推进生态建设的重要决定因素；结果评价是对生态建设的最终成果进行的评价，这对科学合理地评价整个工程具有重要的意义。可持续发展的宣传教育机制对整个生态补偿机制的作用是从思想上提高各个主体的生态保护和生态建设意识，在从物质和资金上促进生态建设的同时，更重要的还是从思想上提高社会的生态建设意识，可持续发展的宣传教育机制就是通过广泛的社会宣传，使生态保护与生态建设成为社会成员的一种思想意识，以此来促进生态环境的健康发展。

（五）节水生态农业生态补偿途径

（1）专项补偿。指专门生态补偿管理机构对补偿资金收入和支出的规模、结构的指导原则以及所采取的相应措施，包括国家财政政策补偿与金融政策社会补偿和自我补偿。一是国家财政政策补偿。财政政策补偿重要的政策工具为政府投资补偿和公共支出补偿，两种工具的使用条件为在节水生态工程中具有较大且正的外部效应，初期的投资巨大，灌区和农户较难承受时，采取政府投资补偿；公共支出补偿包括政府购买和财政转移支付，国家财政采取政府购买的方式满足公共需要；同时国家采取财政转移支付对节水工程运行过程中的运行维护管理费用和水价进行补贴。二是金融政策补偿。金融政策补偿的措施主要有贴息贷款、无息贷款等。我国农业节水具有较大的正外部效应，其前期工程投入大，回报周期长，因此有必要通过金融政策补偿，鼓励与促进农业节水的实施。

（2）交易补偿。在水权制度完善、水市场健全、水价合理的情况下，农户通过建立水市场，在行业内部或行业之间进行水权转让而获得的补偿称为交易补偿或市场补偿。交易补偿是提高节水主体节水积极性的经济基础，能够促进农业节水的健康发展。

在生态补偿机制中，各个要素之间是相互影响、相互制约的，它们之间必须协调一致才能促进节水生态农业的可持续发展，因此，在构建生态补偿机制时要充分考虑各要素之间的相互关系，实现各要素间的协调发展。

三、农业收益生态补偿率的确定

从马克思的劳动价值理论来看，价值是凝结在商品中的无差别的人类劳动，即价值是以劳动量来衡量的，但是最重要的是这部分劳动必须得到社会承认才能转化为社会价值，而社会对这种劳动量的承认是与社会的支付意愿和支付能力相关的。

生态价值是一个发展的、动态的概念。从动态方面看，它随着社会经济发展水平和人民生活水平的不断提高而逐渐显现并增加起来，也就是说，人们对生态价值的认识、重视程度以及为之支付的意愿是随社会经济发展水平和其生活水平的不断提高而发展的。当人们在为温饱（生存）而奔波时，生态环境再优越，对人们来说，都没有多大的价值和实际意义，因为生存远比生态环境重要，人们为之支付的意愿程度很小，而且支付能力也很低，所以说，处于较低生活水平的人们对生态环境的重视程度是很低的，此时谈生态价值没有多大的实际价值和意义。但在解决温饱达到小康之后，人们对环境状况变得极为关注，对环境舒适度的需要即对生态价值的重视程度就会急剧地提高，而后继续发展，到极富阶段趋于饱和。从静态方面来看，处于不同生活水平地区的人们对生态环境的关注程度、支付意愿和支付能力是大不相同的。经济发达地区（生活水平也较高）的人们对生态环境的关注程度以及支付能力和支付意愿都强于经济欠发达地区，同样，西方发达国家对生态环境的关注程度、支付意愿及支付能力都强于发展中国家。人们对生态价值的认识变化及为之支付意愿的变化特征可以用直角坐标系中的 S 形生长曲线加以描述。因此，可以借用罗吉斯（Logistic）生长曲线模型来探讨人们对生态价值的支付意愿。罗吉斯生长曲线（Logistic Curve）模型的数学表达式为：

$$y = k/(1 + ae^{-bt}) \tag{5-1}$$

式中，y 代表社会对生态价值的支付意愿；k 为 y 的最大值；t 为人民生活水平所处的阶段；a，b 为常数；e 为自然对数的底。为简化问题，假设 a，b，k 均为 1，模型变为：

$$y = 1/(1 + e^{-t}) \tag{5-2}$$

有了上述模型后将其与人民生活水平相结合分析，确定人们对生态价值的支付意愿：把反映人民生活水平的恩格尔系数的倒数对应起来，用来代表时间坐标轴 t（横坐标），并进行必要的转换（$T = t + 3$）（见图 5 - 2），以确定现阶段社会对生态价值的认可程度即支付的意愿。

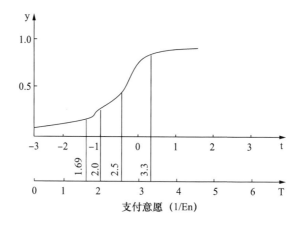

图 5 - 2　用生长曲线和恩格尔系数计算人们对生态价值的支付意愿

因此，根据各师的恩格尔系数 En、生态价值支付意愿模型来确定各受益对象的支付意愿 W_i。

$$W_i = y_i = 1/(1 + e - (1/En - 3)) \qquad (5-3)$$

进行归一化处理，并考虑各师（市）的 GDP 值，确定各师（市）应支付的经济补偿费率 $W_i{}'$。

$$W_i{}' = p_i \quad W_i / \sum p_i W_i \qquad (5-4)$$

式中，p_i 为各师（市）的 GDP 值占兵团的 GDP 值总和的比值。

四、兵团各师农业生态补偿量的测算

农业收益按农业增加值计算，根据上述公式以及《新疆建设兵团统计年鉴》，最终得到兵团各师（市）实际补偿量（见表 5-1）。

表 5-1　2013 年兵团恩格尔系数、支付意愿、修正系数和补偿费率及补偿量

单位	农业增加值（万元）	修正系数（P_i）	恩格尔系数（En）	支付意愿（W_i）	补偿费率（$W_i{}'$）	应提取补偿金（元）
一师	885500	0.12	0.355	0.454	0.119	2266557.711
二师	312058	0.07	0.355	0.454	0.073	1387641.825
三师	303186	0.05	0.355	0.454	0.051	976377.9171
四师	279070	0.07	0.355	0.454	0.072	1359739.892
五师	183380	0.03	0.355	0.454	0.035	660748.5336
六师	429360	0.10	0.355	0.454	0.103	1958752.653
七师	355686	0.09	0.355	0.454	0.089	1698053.327
八师	710018	0.23	0.355	0.454	0.227	4308142.355
九师	83967	0.02	0.355	0.454	0.023	433468.6141
十师	87735	0.02	0.355	0.454	0.025	470288.3805
十二师	333	0.02	0.355	0.454	0.022	414868.9898
十三师	59372	0.03	0.355	0.454	0.025	476689.6472
十四师	114150	0.01	0.355	0.454	0.006	109515.5867
全兵团	3883741	1.00	0.355	0.454	1.000	18982047.59

注：实际补偿量 = 2006 年兵团的生态服务功能总价值 × 补偿率。

资料来源：《新疆建设兵团统计年鉴》（2007）。

对于各个师（市）如何将这些资金分摊在城镇居民以及公司企业，也可参照以下标准进一步分摊。而最终将这些资金进行专门管理，或设立基金等方式，

来对节水生态农业进行节水设备或节水的水利设施或退耕还林、还草的损失等。

第五节　节水生态农业生态补偿资金的运营机制

规范节水生态农业生态补偿资金的运营机制即解决"资金从哪里来、到哪里去、怎样去"的问题，对于补偿资金的使用与管理应考虑将其集中管理、统一使用，成立专门组织体系，建立相适应的公共准财政运行机制或是成立补偿基金会等形式进行管理和运营。

一、成立专门生态补偿资金管理机构

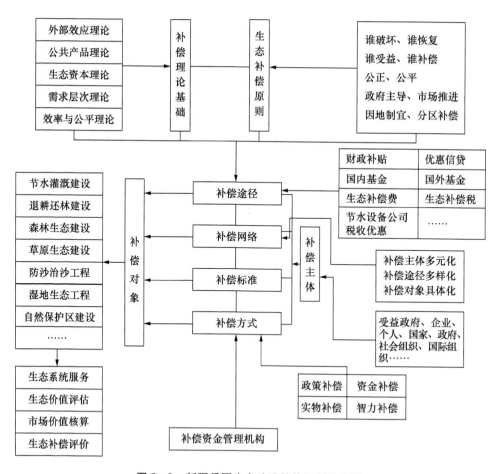

图5-3　新疆兵团生态建设补偿机制示意图

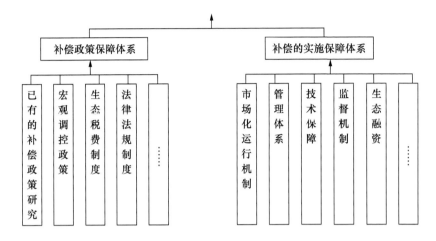

图 5 – 3　新疆兵团生态建设补偿机制示意图（续）

二、生态补偿资金管理机构主要任务

（一）多渠道筹集农业生态补偿资金

进一步完善水、土地、矿产、森林、环境等各种资源费的征收使用管理办法，加大各项资源费使用中用于生态补偿的比重；适度提高水资源和排污收费价格，或者开征生态补偿费（税）等方式，从流域生态受益主体、行业和群体中筹集补偿资金；建立起社会各界、受益各方参与的多元化、多层次、多渠道的生态环境基金投融资体系。

（二）实现农业生态补偿资金的统一管理和专款专用

将农业生态补偿资金专款专用，主要针对造田改地、水利建设、节水灌溉设备等专项资金使用，形成聚合效应。

（三）建立规范的项目招标和监管机制

采取项目带动，市场化招标方式，对生态建设项目进行产业化、市场化经营，切实提高补偿资金的利用效益；审计部门也要加强基金使用情况的审计和监督，保证补偿资金在各级财政的监督下封闭运行，做到分级管理，不挤占、不平调、不挪用。

（四）建立补偿资金使用效益的评价机制

要将兵团农业生态环境治理阶段性目标纳入对当地官员的绩效考评的范围，结合节水生态农业生态环境质量指标体系、万元 GDP 水耗和群众满意度等指标，逐步建立科学的节水生态农业生态补偿效益的评价机制，完善团场政府领导带动机制、政绩考评机制和责任追究制度。

第六节 完善节水生态农业生态补偿机制的政策保障措施

一、建立以政府投入为主、全社会支持生态环境建设的投融资体制

建立健全生态补偿投融资体制，既要坚持政府主导，努力增加公共财政对生态补偿的投入，又要积极引导社会各方参与，探索多渠道多形式的生态补偿方式，拓宽生态补偿市场化、社会化运作的路子，形成多方并举，合力推进。考虑到生态环境建设的长期性、全局性和公益性等特点，本着谁受益、谁投资的原则。由于生态补偿所需资金多，单靠政府投入不太现实。因此，除了要坚持政府主导，努力增加公共财政对生态补偿的投入外，还要积极引导社会各方参与，探索多渠道多形式的生态补偿方式，拓宽生态补偿资金投入渠道。解决资金的来源渠道，主要可以从以下几个方面入手：

（1）提高以木材、矿产等资源型初级产品为原料的加工品的税收，以集中资金，反哺西部地区的生态经济系统。

（2）发行政府环保公债，重点用于西部地区的生态环境建设。

（3）建立政府的、民间的环保基金，主要由政府的财政投入、污染户的罚款和排污费等构成。为了体现社会办环保的原则，应立法规定每个公民都有支持环保的义务，建议对每个有固定收入的居民征收少量的环保费，以充实环保基金。

（4）组建环境银行，筹集和管理生态环境建设资金。其总部应设在西部地区环境位置最重要或生态环境建设最迫切的省市。

（5）争取国际组织提供的国外资金。环境的影响是大范围的，甚至是全球性的，发展中国家的环境恶化也对发达国家的环境造成危害，因此，发达国家和国际上官方的、民间的环保组织十分重视发展中国家的环保问题，兵团应抓住机遇，争取国际合作。

二、完善现行保护环境的税收政策，增收生态补偿税，开征新的环境税，调整和完善现行资源税

目前，现行的税收政策已不能适应循环经济的发展。其突出表现之一是缺少以保护环境为目的的专门税种，限制了税收对环境污染的调控力度，也难以形成专门的用于环保的税收收入来源。因此，要完善现行的保护环境的税收政策。同

时，还应改革现行的资源税，因为目前资源税的从量税税率存在缺陷，对合理利用资源起不到明显的调节作用。将资源税的征收对象扩大到矿藏资源和非矿藏资源，增加水资源税，开征森林资源税和草场资源税，将现行资源税按应税资源产品销售量计税改为按实际产量计税，对非再生性、稀缺性资源课以重税。通过税收杠杆把资源开采使用同促进生态环境保护结合起来，提高资源的开发利用率。同时，加强资源费征收使用和管理工作，增强其生态补偿功能。进一步完善水、土地、矿产、森林、环境等各种资源税费的征收使用管理办法，加大各项资源税费使用中用于生态补偿的比重，并向欠发达地区、重要生态功能区、水系源头地区和自然保护区倾斜。

三、遵循分类补偿原则，逐步完善农业生态补偿措施

从兵团现行的农业生态补偿政策实施情况来看，补偿标准的制定往往采用"一刀切"的形式，没有遵循分类补偿的原则。以退耕还林和退牧还草工程为例，尽管在实施补偿时，根据不同的大区域从粮食补助数量上做了微小的区分，但是并未根据不同的区域类型和补偿对象实施分类补偿，很难调动实施生态建设工程地区群众的积极性，难以确保生态治理工程可持续开展。因此，今后在实施农业生态补偿时，首先要对实施生态补偿的区域进行科学分类，明确不同区域的资源禀赋情况，结合不同的补偿对象，遵循实施区域"以产定补"、当地群众"以失定补"的原则，考虑实施生态治理区域群众生产和生活的需要制定合理的补偿标准，这也是补偿实施的第一阶段，即基本补偿阶段。例如，在实施退牧还草工程时，应依据当地的草畜平衡标准结合不同类型草场的总产草量和理论载畜量进行分别计算，明确不同类型草场退牧后饲料粮和围栏补助标准和补助时间。补偿实施的第二步为效用外溢补偿阶段。生态环境进行治理以后，具有涵养水源、保持水土、防风固沙、调节气候、净化空气等多方面的生态功能，因此，生态补偿第一阶段的目标实现之后，可以在对林（草）地所提供的生态服务的类型进行分类的基础上，通过评价生态系统服务功能价值实施效用外溢补偿，进一步完善生态补偿机制，确保生态与经济的可持续发展。

四、合理确定补偿对象

生态补偿中的补偿标准是一个核心的问题，合理的补偿标准能够促进生态建设的顺利发展，反之，则会制约生态建设的发展。在对兵团节水生态农业生态补偿项目的调研中发现，现行的生态补偿标准的确定采取了自上而下、整齐划一的方法，补偿标准基本是相同的，科学合理的生态补偿标准不仅有利于生态建设的顺利实施，更有利于生态建设的持续发展。当前，理论上对生态补偿标准的确定

有以下几种：一是依据生态服务价值补偿，生态服务价值主要包括进化空气和水、缓解干旱和洪水、稳定局部气候、废弃物的分解和解毒、提供美学和娱乐等，但是这些生态服务究竟价值有多大是一个难以计量的数据，不过可以肯定的是节水生态农业生态服务价值是一个巨大的数字，是经济价值的几倍甚至是几十倍，如果依据西部生态服务价值去补偿是不可能的。二是依据生态成本进行补偿。依据成本补偿也是一个难以确定的补偿标准，因为各团场的立地条件不同，那么发展节水生态农业的成本就不同；生态建设之后还需要相应的管护，这些管护也需要经费支付，但是，各团场由于生态建设的分布不同管护的费用也就不相同，这就难以合理地确定管护费用，此外，还有其他的成本支出等都不同，这些就增加了依据生态成本进行补偿的难度。同时依据生态成本进行补偿对生态建设者来说是不公平的，生态建设者在进行生态建设过程中除了成本支出外还有其他的支出，如劳动力、技术等，这些都没有进行补偿。三是以经济价值为依据进行补偿。这种补偿方式是相对"经济损失"而言的，这也是当前西部生态补偿的一种主要方式，其补偿标准由两部分组成，一部分是退耕者直接的经济损失，这是由于退耕者在退耕前种植粮食作物和经济作物，而在退耕后就再也不能获取相应的收益，那么对由于退耕给退耕者造成的这些损失进行补偿；另一部分是生态建设投入成本的部分补偿，目前对节水生态农业的生态补偿中包括生态投入补偿，但是这种补偿不是全部补偿，只是对部分的成本进行补偿。但是实践证明，这种补偿存在一个明显的缺陷就是补偿不足，难以促进节水生态农业的顺利发展，特别是对后期的维护上更是困难。

节水农业生态补偿标准的确定应该采取自上而下和自下而上相结合的方法。当前生态补偿标准采取的是一种自上而下的确定方法，这种方法是充分发挥国家的宏观指导与调控功能，可以在短期内迅速推进生态建设工程的实施，对发展节水生态农业具有明显的优势，但是这种方法的实施也存在一些缺陷，那就是整齐划一的补偿标准难以从各团场实际出发来合理确定；对生态建设过程的复杂性考虑较少，这主要是指上文谈到的各团场立地条件不同，支出不同等。在当前的形势下可以尝试一种新的生态补偿标准的确定方式，即自上而下和自下而上相结合的确定方法。这种确定方法是指国家从宏观上划定生态建设区域范围，然后根据该地区的经济发展状况等因素来确定一个大体的补偿标准范围，但是这个标准不是最后的执行标准，只是一个宏观的指导标准，将此政策在生态建设区域内宣传，让生态建设区域的团场职工详细地了解此政策，然后由团场或职工自己提出生态建设申请，在这个申请中至少应该包括补偿标准、补偿年限、补偿方式、生态建设的规划等内容，经过相关部门审核，如果符合国家生态建设的宏观政策就与其签订合同，进行生态建设；如果经过相关部门的审核，发现申请者的申请不符合国家宏观生态建设政策，那么就不与其签订合同，告诉其不符合的内容，由其自己决定是否修改，如果修改就与其签订合同，如果不修改就拒绝与其签订合同。这种自上而下和自下而上相结合的确定生态补偿标准的方法有利于充分考虑各方利益，特别是生态建设者自己提出的补偿标准存在一定的合理性，最为重要的是生态建设者在所提出补偿申请中有具体的生态建设的预期成果，将来只有实现了在申请中所拟定的目标他才可以拿到全部的补偿，如果生态建设目标没有实现他就拿不到全部的补偿，这种方式有利于调动生态建设者的积极性，促进生态建设的顺利开展，保障生态建设的效果。

五、采取多样化的补偿方式

当前兵团节水生态农业生态补偿主要采取的是现金补偿和实物补偿的方式，从目前的生态补偿的实践和补偿的效果来看，这种补偿方式的优点是可以保障兵团职工生态建设者基本的生活，解决他们的后顾之忧，但是这种补偿方式不利的一面就是没有建立一种长效机制，难以通过补偿提高被补偿者可持续发展的能力。因此，从长远看，可以采用多种补偿方式，除现金和实物补偿外还可以采用技术补偿或智力补偿、政策补偿等，采取最适合当地实际需求的补偿方式，在促进生态建设的同时提高被补偿地区自我发展能力，将"输血式"补偿变为"造血式"补偿。从技术补偿看，如一些先进的农业生产技术包括喷灌、滴灌等，通过这样的补偿方式提高农业水资源的节约。从智力补偿来看，主要是一种间接的补偿，通过这种补偿来提高团场职工的生产能力和就业能力，主要是通过各种形式的培训和其他方式提高他们的生产能力，特别是提高他们采用新的生产技术和生产方式的能力，以改变传统的农业生产方式，提高农作物产量。同时，更为重要的是对一些年轻劳动力进行培训，将团场大量的剩余劳动力转移出去，提高他们在城市的就业能力。但是由于劳动力本身文化水平较低、没有专门的技术等因素的制约，使剩余劳动力难以转移出去，通过智力补偿、专门的职业技术培训等方式，提高被补偿者的就业能力，把剩余劳动力从土地中解放出来。从政策补偿来看，应该采取一些更佳的优惠政策，以此来激励团场职工发展节水生态农业，既能节约稀缺水资源又能保护生态环境。

第六章　市场主导下的兵团节水生态农业结构调整机制

兵团是"党政军企"合一的特殊组织，成立 50 余年来，以屯垦戍边、造福新疆各族人民为己任，朝着工农商学兵相结合、农林牧副渔全面发展、工交建商服综合经营的方向发展，经济发展和社会各项事业均取得了长足的进步。兵团对加快新疆经济发展、促进民族团结、保持社会稳定、巩固边防、维护祖国统一发挥着十分重要的作用。兵团使命的特殊性决定了兵团在经济发展过程中具有许多特殊的方面。它的产业结构、劳动力结构、人员情况等的发展趋势都与新疆、全国存在着诸多差异。经过 30 余年的建设和发展，兵团、新疆与全国其他各省（区）一起经历了改革开放给经济社会带来的日新月异的变化。

第一节　兵团农业结构的现状

一、兵团农业发展现状

农业是兵团的基础产业。兵团发展农业具有资源优势和开发潜力。兵团拥有土地总面积 10765.2 万亩，其中耕地面积为 1418.2 万亩，林地面积为 563.4 万亩，草场为 352.8 万亩，水域为 576.9 万亩，待垦宜农荒地为 4418 万亩。

兵团现有 141 个农牧团场，人口 188.8446 万，占兵团总人口的 73.06%；其中第一产业就业人数 48.9686 万，占全兵团就业人数的 49.2%。

（一）兵团农业已基本形成向种植业、畜牧业、果蔬园艺业"三足鼎立"和"粮经草"三元结构的格局转变

（1）种植业呈现增粮减棉、大力发展特色经济作物的特点。棉花逐步从低产区、风险区、非宜棉区退出来，在宜棉区大力发展优质、高效、低成本、竞争力强的棉花。番茄、啤酒花、香料、制种、药材等特色经济作物发展迅速。

（2）果蔬园艺业发展速度加快，蔬菜、瓜果类播种面积 97.4 万亩，如农二师 21 团，属非植棉团场，种植了 3.2 万亩辣椒，总产干辣椒 1.2 万吨，其种植

面积和产量均占全疆辣椒种植面积和产量的 30% 以上，已成为全疆最大的辣椒生产销售集散地。优质果品产量达到 25 万吨，产值占农业总产值的比重达到 8.5% 以上。

（3）畜牧业在"101031"工程的带动下，生产方式逐步由粗放式向集约化、规模化、产业化方向发展，形成了一批优质细毛羊、肉羊、肉牛、猪肉、禽蛋、牛奶生产基地。2012 年牲畜年末存栏 533.63 万头（只），肉类总产量 17.68 万吨，牛奶产量 24.73 万吨，畜牧业产值占农业总产值的比重达 10.8%。

（二）主要优势农产品和特色农产品基地建设初具规模

以粮食、棉花、油糖、番茄、葡萄、香梨、干果、牛羊肉、奶牛、饲草料为重点的大优势农产品基地建设初具规模。一批优质棉基地，蔬菜供应基地，干果及鲜食葡萄生产基地，酿酒葡萄基地，香梨基地，番茄基地，糖料基地，啤酒花基地，优质奶牛肉牛基地、优质肉羊细毛羊基地、马鹿基地等为主导产业的特色农产品基地已初具规模。目前，兵团拥有 15 万亩亚洲最大的优质葡萄生产基地。

（三）农产品加工产业发展初见成效

兵团农业的快速发展，为农产品加工业发展提供了丰富的原料。棉业、糖业、酒业、果蔬业、畜牧业、种业等加工业，已初步形成产业化发展格局。2012 年，兵团实现工业总产值 288.7188 亿元，其中，农副食品加工产值 40.71 亿元，占工业总产值的 14.1%。食品制造业产值、饮料制造业产值、纺织业产值分别占到兵团工业总产值的 13.9%、5.9%、13.7%。农副产品加工业占到了兵团工业近 1/2，是兵团农业产业化的重要支柱产业。

（四）龙头企业的带动辐射能力不断增强

截至 2012 年底，兵团主要农产品加工生产能力已形成：番茄制品 45.57 万吨，食用植物油 20.6789 万吨，白酒 3.504 万千升，日处理鲜奶能力达 1500 吨，肉类加工年屠宰 180 万只羊、35 万头猪，各类肉制品加工能力 10 万多吨，纺织业拥有棉纺锭 165 万锭。2012 年，新疆天康食品有限公司按照出口欧洲标准建设的屠宰分割加工生产能力达到 1 万吨，新疆西部牧业建设年屠宰 100 万头（只）牛羊肉基地。

随着天康生物、冠农果蓉、伊力特股份、中基等龙头企业规模的不断扩大，农业产业化结构优化，产业链延长，市场辐射能力增强。一师新农开发直接或间接带动当地农户 2 万户，约 5 万人受益，开创了新疆乃至新疆农业产业化经营的典范。新天国际拥有亚洲最大的 15 万亩酿酒葡萄生产基地，10 万吨葡萄原汁加工能力，带动新疆葡萄产业的飞速发展；新疆冠农果蓉年产香梨 6 万吨，马鹿 2 万余头，带动了香梨种植和马鹿养殖户 7200 余户；中基公司已发展拥有 40 余万亩番茄原料生产基地，带动 13 万种植户增收致富的红色产业龙头企业。目前兵团已拥有自治区名牌21个，自治区著名商标28个，国家知名品牌2个，著名商标1个。"伊力"牌白酒、"天彩"牌彩棉纱、"新天"牌干红干白葡萄酒、中基公司"Chalkis"牌番茄酱、新农开发"新农"棉花、北疆红提公司"北疆"牌鲜食葡萄等一批具有兵团特色的品牌，知名度和市场占有率逐年扩大，企业的市场竞争力和带动辐射能力进一步提高。

（五）农业产业化经营机制和服务体系不断完善

全兵团目前通过合同（订单）农业形式参与产业化经营的农户已达到80%以上，其中棉花、番茄、水稻、制种等大宗农产品全面实行了合同（订单）购销，加快了农业结构调整，有效地促进了团场增效和职工增收的目的。截至2012年底，兵团共有各类农工专业合作经济组织139个，其中运作比较规范的有70个左右，在工商和民政部门登记注册的有57个，纳入全国重点支持和示范体系的有6家，组织成员9.5万人，其中入股成员3.9万人，从事养殖、果蔬园艺两项产业的专业合作组织占到65%以上。这些以农工专业合作经济组织为重点的各种中介服务组织，在组织、协调、新技术推广普及、培训、信息咨询、产品收购营销等方面发挥了重要的作用。农业产业化的快速发展，农业服务体系和保障也得到进一步加强，覆盖兵、师、团三级的农业服务体系和保障体系逐步配套完善。

二、兵团农业产业结构现状特征分析

（一）农、林、牧、渔业总产值构成特征分析

以2012年当年价格计算的农林牧渔总产值构成，与全国平均水平相比，兵团呈现以下特征，见图6-1。

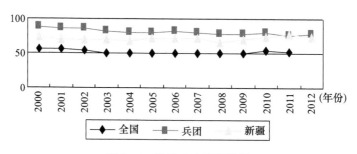

图6-1 种植业产值比较图

（1）种植业。从图6-1中可以看出，种植业产值比重高于新疆和全国平均水平，且略有下降。十几年来，兵团种植业产值都普遍高于新疆和全国平均水平，且高出全国平均水平近30个百分点，高出新疆10个百分点左右。2012年全

国种植业产值比重比 2000 年下降了 4 个百分点，新疆种植业产值比重比 2000 年下降了 1 个百分点，而兵团种植业产值比重比 2000 年下降了 11.4 个百分点。

（2）林业。由图 6-2 可知，林业产值比重低于新疆和全国平均水平。10 多年来，兵团林业产值都普遍低于新疆和全国平均水平。到 2012 年，兵团平均水平上升了 0.3 个百分点，新疆上升了 0.2 个百分点，而全国平均水平保持不变。此外，2003 年，兵团林业产值比重达到最大值，且接近于新疆当年的产值比重，相差不到 1 个百分点。

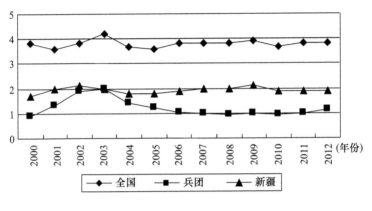

图 6-2　林业产值比较图

（3）牧业。从图 6-3 中可以看出，牧业产值比重低于新疆和全国平均水平。十几年来，兵团牧业产值都普遍低于新疆和全国平均水平。全国平均水平的牧业产值比重基本上呈现出了上升的趋势；兵团的牧业产值比重呈现持续上升趋势，2012 年的产值比重与 2000 年相比，上升了 4 个百分点；而新疆牧业产值比重在年际间却呈现出升降交替变化的特点。

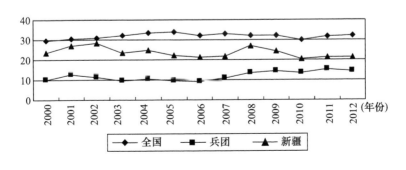

图 6-3　牧业产值比较图

（4）渔业。由图 6-4 可以看出，渔业产值比重低于全国平均水平，却和新疆平均水平不相上下。10 多年来，兵团和新疆渔业产值比重都低于 1%，与全国平均水平相去甚远，且兵团渔业产值比重基本持平，没有太大变化。

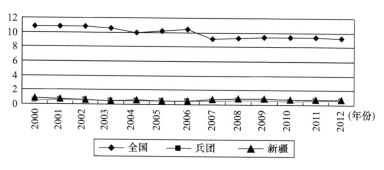

图 6-4　渔业产值比较图

另外，2012 年兵团的农林牧渔业总产值为 8020942 万元，其中农业产值为 6194701 万元，占总产值比重为 77.2%；林业产值为 92688 万元，占总产值比重为 1.2%；牧业产值为 1145271 万元，占总产值比重为 14.3%；渔业产值为 47578 万元，占总产值比重为 0.59%。

总之，与全国平均水平相比，兵团大农业结构具有种植业产值比重高而在降、林业产值比重偏低、牧业产值比重低而略有上升、渔业产值比重微乎其微却变化不大四大特点。

（二）种植业结构特征分析

（1）面积比较。从图 6-5 中可以看出，十几年来，新疆种植业播种面积比重波动较大，2006 年之前，高于全国和新疆水平；2007 年之后，却低于全国和兵团水平。全国种植业播种面积比重一直高于兵团。全国、新疆和兵团种植业播种面积皆有下降趋势，且越来越接近，到 2012 年全国和兵团种植业播种面积比重几乎相等，而新疆稍低。

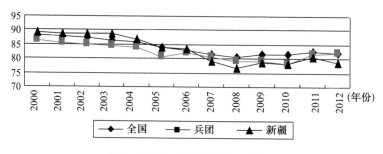

图 6-5　种植业播种面积比较图

（2）产值发展趋势分析。从图6-6中可以看出，10多年来，兵团种植业占农业的比重一直较高，均大于0.80。种植业比重存在曲折变动，呈总体下降趋势，但变动范围不大。到2013年，达到最低值0.77。

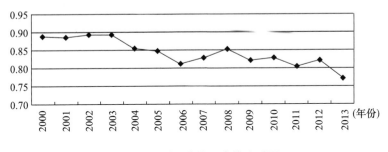

图6-6　兵团种植业产值比重图

（三）果蔬园艺业结构特征分析

（1）面积比较。由图6-7可以看出，2000~2012年，兵团果蔬园艺业播种面积比重一直高于全国。兵团果蔬园艺业播种面积比重在2006年高于新疆，而在2006之后前者却低于后者。三者总体皆呈上升趋势，兵团的果蔬园艺面积比重在2008年达到高峰后又有所下降，而全国的在2008年达到高峰。同时，从2011年开始，全国和兵团的果蔬园艺业播种面积比重趋于相同，而新疆却稍高于两者。

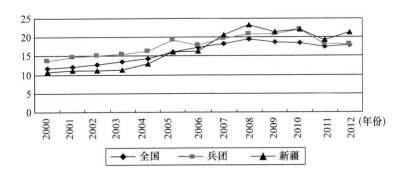

图6-7　果蔬园艺业播种面积比较图

（2）产值发展趋势分析。由图6-8可以看出，2000~2012年，兵团果蔬园艺业占农业的比重一直较低，均小于0.2。果蔬园艺业比重存在曲折变动，呈总体上升趋势，但变动范围不大。2013年达到最高值0.23。

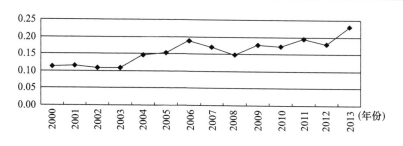

图6-8　兵团果蔬园艺业产值比重

（四）畜牧业结构特征分析

如前所述，兵团畜牧业产值比重一直低于全国平均水平，但有上升趋势，此处不再赘述。

（五）农业产业内部结构分析

从图6-9中可以看出，2013年，兵团种植业占农林牧渔业总产值的比重最大且超过一半，为59%。产值居第二位的为果蔬园艺业，占农林牧渔业总产值的18%。产值居第三位的为畜牧业，占农林牧渔业总产值的14%，与果蔬园艺业相差不大。林业、渔业和农业服务业占农林牧渔业总产值的比重仅为9%。因此，新疆生产建设兵团的农林牧渔业已形成种植业、果蔬园艺业和畜牧业三足鼎立的局面，其中种植业影响最大。

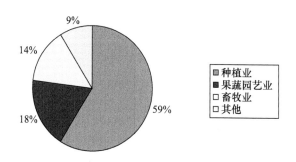

图6-9　各产业占农林牧渔业总产值比重

第二节　兵团农业结构存在的主要问题

兵团农业有明显的优势，但与国内外先进水平相比，在很多方面仍有较大差距。从总体上看，兵团农业经济的增长方式正在由粗放型向集约型转变，农业发展还是靠生产要素的高投入、高消耗获得，农业整体素质不高，发展后劲不足。突出表现为：园艺业与畜牧业比重偏低、农业产业化经营水平偏低、农业生产成本较高、职工收入低、增收增效难度越来越大等，具体表现在以下几个方面。

一、区域封闭，市场容量有限

新疆地处祖国西部边陲，形成了相对独立的市场体系，而新疆及兵团的大部分农产品已供过于求，人均农产品产量较高。区域内的农产品流动量相对较少，农产品有效需求不足，而农产品进入内地市场的交易成本很高，这就大大增加了兵团农产品进入内地市场的难度。自然条件限制了兵团的物质流、信息流、价值流的流动。

农业的市场化是反映市场机制对农业资源配置效率的指示器，能够衡量出市场农业的发展状况，也是反映农业能否纵深发展、横向拓宽的重要标志。目前，农产品市场体系不健全，流通不畅。兵团农业的整体市场化程度为63%，比东部地区低15个百分点。这表明，兵团在发挥市场机制的基础性作用及其对农业发展和结构的调控能力上处于较低水平。

二、农业生产结构不合理、综合经济效益差

种植业比重占农业总产值的80%以上，基本上还是粮棉型的经济结构，尤其是畜牧业和林业发展滞后，农业的综合效益没有得到充分发挥。农业经济内部"种植业、畜牧业、林业"占农业总产值比重分别为86.76%、11.61%、1.06%。可见，在农、林、牧、副、渔业中种植业所占比重较大，林业和牧业所占比重较小，农、林、牧不协调，严重影响了生态农业系统的建立。

（一）团场内部种植业结构趋同性强、品质不高

种植业以棉花种植为主，粮—经二元结构十分明显。基本上未摆脱"一瓶酒、一袋面、一桶油、一箱水果"的局面。农牧团场在追求利益时存在明显的短期行为，因而在资源配置和农业结构调整中出现"一上俱上，一下俱下"的状况。单一的农业结构和作物结构不利于充分利用新疆丰富的农业资源和生态环境的改善，并且降低了农业生产抵御自然风险和市场风险的能力。

（二）各垦区间农业结构调整不平衡

由于兵团各垦区所处的地理条件各不相同，以及经济发展水平的差异，农业结构调整的规模和速度不同。天山北坡经济带各垦区，在龙头企业的带动下，其农业结构已由以棉花为主向酿酒葡萄、制酱番茄、胡萝卜等多种经济作物发展；

而在偏远垦区，由于远离市场、信息闭塞，农业结构调整缺乏积极性、主动性，因而农业结构调整的幅度较小。

（三）农业结构调整缺乏科学规划和引导

兵团部分垦区的农业结构调整缺乏科学的规划，农业结构布局不合理，特色不突出。一是忽略了自身的客观条件和资源优势，农业结构调整趋同。二是片面围绕市场变化进行结构调整，缺乏科学的市场分析与预测，调整缺乏前瞻性，滞后于市场需求。

兵团农业经济增长的实质是棉花增长，多年来形成的"一花独放"的产业格局正面临着极大的市场风险和自然风险。单一的农业产业结构构筑了脆弱的经济基础，使整个兵团经济存在着诸多不稳定的因素。棉花播种面积占全兵团总播种面积的一半，棉花产值占农业总产值一半以上，是兵团重要的经济支柱。而棉花价格从 20 世纪 90 年代以来一直波动很大，起伏不定，常有大起大落现象，使团场和种植户蒙受巨大的损失。尤其是我国加入世界贸易组织后，贸易的自由化更加无法准确把握棉花的市场信息，再加上大量的"配额"洋棉的进入，势必会极大冲击兵团棉花生产。单一产业结构难以适应多变市场的变化，只有逐渐地调整产业结构，分散风险，才能实现兵团农业可持续发展。

三、兵团农业产业化经营水平低

农业结构调整能否取得成功与农业的经营方式有很大关系。由于信息、市场、资源、交通等方面因素的影响，兵团农业产业化表现为组织少、规模小、辐射带动功能弱。农业加工链条短，农产品加工增值少，严重制约了农业对农工收入的贡献能力。据 2012 年兵团统计局提供的数据，全国农业产值和加工产值之比为 1:0.9，中等发展中国家为 1:3~4，发达国家为 1:5~6，而兵团为 1:0.37。

以上问题的存在，已经直接影响到兵团农业经济的持续、快速、健康发展和农牧团场经济实力的增强。如果仍然沿用这种生产方式，就难以适应新形势下对农业发展的要求，导致兵团农业的发展走入困境。

第三节　兵团农业结构调整的必要性

一、兵团农业结构调整是屯垦戍边历史使命的内在要求

兵团是一个以农业为基础和支撑的组织，作为基础产业，兵团农业的价值，不仅在于其经济价值本身，而且在于农业产业所承载的历史使命，即维护祖国西

部边疆稳定和发展的大局。探寻兵团农业发展的路径，对于维护兵团农业的基础地位，壮大兵团屯垦戍边的实力和维护祖国边疆的稳定与繁荣都具有重要的战略意义。而据相关理论，兵团农业结构的调整会引起农业经济增长的变化，从长期趋势来看，兵团的农业结构调整具有明显的增长效应，这与结构主义经济增长理论的观点是一致的，加速兵团农业结构调整以此促进农业经济增长在理论上和实践中是可行的。因此，兵团农业产业结构的调整为促进兵团稳定和发展发挥了重要的作用，成为了屯垦戍边历史使命的承担者。

二、兵团农业结构调整是农业现代化的现实选择

农业现代化的基本内容是"三化"，即农业生产手段的现代化、农业科技措施的现代化、农业组织管理的现代化。农业现代化的决定因素是农业生产手段、农业的物质技术装备是否达到了当代世界的最高水平，农业科技措施、生物性技术措施是否达到了当代世界的最高水平，农业组织管理的方式与手段是否达到了当代世界的最高水平。农业现代化可以覆盖全部农业：各个地区的农业都要实现农业现代化，农业的各个产业都要实现农业现代化，农业各产业的各种产品的生产都要实现农业现代化。目前，兵团农业产业结构种植业一业独大，畜牧业、林业发展相对滞后，地区之间产业结构不平衡，这严重制约了部分地区的农业现代化和果蔬园艺业、畜牧业等产业的现代化。因此，调整兵团农业产业结构，调整地区之间产业结构，发展各地区优势产业，发展果蔬园艺业和畜牧业，有利于兵团农业现代化。

三、兵团农业结构调整是充分利用农业资源，提高经济效益的必然选择

兵团农业产业发展过程中，种植业比重过高，林业、畜牧业、渔业发展相对滞后。种植业以棉花种植为主，粮—经二元结构十分明显。单一的农业结构和作物结构不利于充分利用新疆丰富的农业资源和生态资源的改善，并且不利于农业经济效益的提高。兵团各师团分布在新疆的各地、州、县区域内。从大区上新疆划分为南、北、东三大区域，各区域地理、光热、水资源等条件差异较大。一方面，调整现有的农业产业结构，以充分利用各地的特有资源，可以在不增加成本的前提下增加产量；另一方面，调整农业结构，发展优势产业，以提高农业经济效益。因此，农业结构调整对于充分利用农业资源，提高经济效益具有重大的意义。

四、农业产业结构调整有利于兵团农业国际竞争力的增强

兵团经济是以农业为主的"绿洲经济"，农业是兵团的基础产业，也是兵团

经济发展的支柱产业，是促进第二、第三产业协调发展的基础。农业在兵团整个国民经济体系中占据重要地位，不仅农业产值在兵团国民收入中占据较大比重，而且农业产业的发展壮大，也为兵团工业的发展提供了坚实的基础。据统计，兵团现有工业的 80% 以上是依托农业、以农产品及其副产品为主原料的加工业。因此，农业必须持续稳定增长，既不能停滞徘徊，更不能滑坡下降。兵团经过30 多年的改革与发展，农业综合生产能力大幅度提高，人均粮食、棉花、蔬菜、肉类等均已达到或超过世界平均水平，不仅解决了大部分人的吃饭、穿衣问题，而且粮食等主要农产品已由长期短缺转向大体平衡有余，农产品的生产和供给状况发生了根本性的转折。由此出现了农业生产增长快于人口增长，供给增长快于消费增长，农产品出现了相对剩余的现象，再加上近年来农业，特别是粮食作物连续丰收，且产品质量又低，因而造成部分农产品销售不畅，导致价格下降，兵团团场职工收入增速下滑。所有这些情况都充分显示了现行的农业产业结构及其经营方式已不适应国内外市场的发展，若不及时进行农业产业结构调整，跟上消费市场升级转型的步伐，那些科技含量低、品质差的农产品，不仅难以再受到国内消费市场的青睐，而且也难以打入国际市场，参与国际竞争。随着全球经济一体化的发展，国际农业市场竞争势必日趋激烈，兵团农业要想在国际农业市场赢得一定的份额，必须拥有品质优、档次高的过硬产品。市场法则迫使兵团必须加快由传统农业向现代农业的转变，由现行的农业产业结构向满足市场消费需求的合理产业结构的转变，走市场化农业的道路，从而增强兵团农产品在国内外市场的竞争力。

第四节　兵团的农业结构调整与市场环境

　　农业结构调整的实质是通过市场取向的改革实现农业按市场导向组织生产的一个动态的不断优化的过程。20 世纪 90 年代末，兵团农业和农场经济发展进入新阶段，农产品供给从长期短缺变成供求平衡、丰年有余，农业农场发展环境由主要受资源约束变为资源和市场双重约束。从农产品供求格局看，耕地、水资源等难以增加，需求刚性增长，粮食等主要农产品供求仍将长期处于"紧平衡"状态，畜产品供求受国内和国际农产品价格波动影响起伏较大。从农业和农场发展环境看，"受市场约束越来越大"的判断已经成为现实，受"两种资源、两个市场"影响的局面日益深化。在国际金融危机的冲击面前，这些基本特征更加突出：农业生产成本刚性上升，棉花受国际棉价冲击影响巨大，酱用番茄等农业加工产品出口受阻，耕地、水资源紧张局势将日益明显，工农用地、工农之间和农业内部用水矛盾逐步凸显。农产品品质与结构性矛盾日益突出：农产品过剩与短缺并存，在过剩的农产品中，往往又表现为大部分农产品品质低下，高品质的供不应求，显示出相对过剩的特征。这种状况形成了兵团农业结构调整的助推力。另外，节水高产作物新品种的育成及农艺节水技术等科技进步手段为促进种植业结构转化提供了可能性。而随着市场化水平的不断提高，价格关系逐步理顺，为兵团农业结构调整提供了良好的宏观环境。随着人们环保意识的提高，又为农业结构调整要与资源环境协调有序运行相适应提供了思想基础。

一、兵团农业结构调整与农业发展

农业结构调整通过以下几方面优化农业发展：

一是实现农业资源再配置，通过农业结构调整使农业资源配置与国内外的需求状况、自然资源、生态环境以及技术水平相适应，从总体上看，单位资源的使用效率将得到提高。

二是有利于农业高质目标的实现。农产品品种结构调整将从现有资源技术水平出发，改良现有动植物品种，培育高质量的动植物良种。通过提高农产品的优质率以及扩大优质产品在整个农产品中的比重，实现以低劣产品为主的农产品生产向以优质产品为主的转换，调整农、林、牧、渔的产品比例以及在区域间的规划。

三是有利于农业高效益目标的实现。农业经济增长主要取决于各种资源如劳动力、土地、资本等资源及其有效配置，而农业结构状态却在很大程度上决定了农业资源配置效果。

有学者按不同阶段、不同层次就农业结构及其影响因素对农业经济增长产生的结构效应进行实证分析，结果表明：农业总产值相对增长率的绝大部分是由结构效应部分引起的，在某些特殊年份，结构效应的贡献率甚至超过了100%。另外，农业结构的调整将改变农村劳动力的就业结构，有利于农业社会效益的实现。

二、兵团农业结构调整与农业现代化

农业结构调整与农业现代化之间是怎样相互作用的？研究表明：农业现代化通过两个途径影响着产业结构调整，一方面，农业现代化的实现需要大量的农业机械、化肥等工业制品和物流、金融、科技等相关服务，这些需求直接促进了与之相关的第二、第三产业的发展；另一方面，农业现代化使得农业生产效率持续提高，将促使更多的农村劳动力流向城镇，以城镇化为中介间接地影响着产业结构的调整。有了产业结构调整对劳动力的吸引，使得农业剩余劳动力减少，客观上要求农业生产必须提高生产效率，打破原有的"以多养少"的格局，从而促进了农业现代化的发展。另外，第二、第三产业的发展尤其是先进的农机设备和科学技术的推广，是传统农业向现代农业转型的根本，为农业现代化提供了基础保障。可见，伴随着现代农业发展步伐的加快，农业生产效益的提高和农业劳动力绝对量的减少，将是制定农业结构调整对策时始终不能回避的核心问题。

改革开放 30 多年来，兵团农业现代化取得很大成就：农业综合生产能力稳步提升，农业结构不断优化，农业物质装备水平不断提高，农业科技支撑能力显著增强。然而，伴随着工业化、城镇化的快速发展，农业现代化滞后的问题仍很突出，现代工业装备农业的技术和水平仍有待提高，传统管理方法使农业无法跳出就农业谈农业的围城，农业的可持续发展仍存在许多深层次的矛盾，农产品的有效供给和团场职工收入的增加需要各级的共同努力。历史和现实迫切需要借助农业结构调整改革农业发展过程中不适应农业生产力发展的部分，以更合理的农业结构适应不断变化的新形势的要求。与全国相比，兵团的"三化"具有特殊的发展背景，兵团既要按照国家现代化建设的总体要求推进"三化同步"，同时又要结合自身实际找寻适合兵团发展的合理改革方向。

三、兵团农业结构调整与农业经济增长的关系

农业结构调整与经济增长有什么关系？现运用 Granger 因果检验法研究兵团两者的关系，Granger 因果检验法可以用来分析经济变量之间的因果关系。

（一）农业结构调整与农业经济增长的关系分析

1. 相关指标的选取说明

本书采用林牧渔业总产值占农林牧渔业总产值的比例，即农业结构调整值 (S) 来表述农业结构调整的过程。计算公式为：

农业结构调整率(S) = （林牧渔业总产值/农林牧渔业总产值）× 100%

逐年累计值 = $\sum$ （本期产业结构调整率 - 上期产业结构调整率）

农业经济增长 (I)，本书采用 1990 ~ 2010 年消除价格因素后的农业增加值来度量。

2. 单位根检验

许多时间序列数据大都呈现强烈的趋势特征，这种趋势特征会产生伪回归现象，所以对时间序列数据进行分析前，应先检验变量的平稳性，在进行协整关系检验之前，必须确定每个序列是否为单整序列，即要进行单位根检验。如果序列不存在单位根，则序列为平稳序列；反之，为非平稳序列。单位根（ADF）检验法的检验结果如表 6 - 1 所示。

表 6 - 1　ADF 单位根检验结果

序列	检验形式（c, t, k）	ADF 检验统计量	5% 临界值	AIC 准则	备注
LNI	（c, 0, 0）	5.1250	-1.9602	-2.4416	存在单位根
LNS	（c, t, 0）	-1.5999	-3.6736	-2.7672	存在单位根
DLNI	（c, t, 0）	-4.9080	-3.6908	-2.3204	不存在单位根
DLNS	（c, t, 0）	-5.0190	-3.6908	-2.4853	不存在单位根

注：检验形式（C, T, K）分别表示单位根检验方程包括常数项、时间趋势和滞后阶数，0 是指不包括相应的项；最优滞后阶数由 AIC 准则确定。

由表 6 - 1 的结果可以看出，农业经济增长 *LNI* 和农业结构变动率 *LNS* 序列均存在单位根，是非平稳序列，一阶差分后均不存在单位根，是平稳序列，序列 *LNI* 和 *LNS* 均为一阶单整序列。

3. 协整关系检验

根据协整理论，具有协整关系的两个变量之间必然存在长期稳定的关系。格兰杰因果关系检验的前提条件是变量之间具有协整关系，故本书采用 EG 二阶段分析法对 *LS* 与 *LNI* 之间的协整性作进一步的分析，检验结果如表 6 - 2 所示。

表 6 - 2　残差 e 的 ADF 检验

序列	检验形式（c, t, k）	ADF 检验统计量	5% 临界值	备注
残差	（c, t, 0）	-5.7648	-3.6736	不存在单位根

由表 6 - 2 的结果可知，残差 e 为平稳序列，也就是说序列 *LS* 与 *LNI* 之间具有协整关系，农业经济增长与农业结构调整之间存在着长期稳定的关系，即农业结构的调整有助于经济的增长。

4. Granger 因果关系检验

以上已经验证 *LS* 与 *LNI* 之间存在协整关系，因此可以利用 Granger 因果关系检验法分析农业结构调整和农业经济增长之间的关系。对 *LS* 与 *LNI* 进行分析因果关系分析，相关结果如表 6 - 3 所示。

表 6 - 3　Granger 因果检验结果

原假设	观测值	F 统计量	显著性水平
LS 不是 *LNI* 的 Granger 原因	19	6.75307	0.0194
LNI 不是 *LS* 的 Granger 原因		0.45205	0.5110

对兵团农业结构调整与农业经济增长的关系进行 Granger 因果检验，可得到如下结论：兵团的农业结构调整与农业经济增长之间具有一定协整关系，农业结构调整的变化会引起经济增长的变化，而经济增长的变化却不会引起农业结构调整的变化。农业内部结构调整的初期对农业经济增长产生了一定的促进作用，但是种植业比重下降的速度缓慢，农业结构性矛盾突出，农牧产品品种结构不能满足市场需求，不能产生高效的经济效益，因此农业结构还需进一步调整。调整关联程度较高的产业能对农业经济增长产生更为直接的效果，故有待进一步研究农、林、牧、渔各业与农业经济增长的关联程度。

（二）兵团农业结构调整与农业经济增长的关联效应分析

灰色关联度是衡量因素间关联程度的一种方法。在系统发展过程中，如果两个因素变化的趋势相同，则认为两者关联程度较高；反之，则较低。农业是一个较为复杂且信息不完全的系统，本书将灰色关联度分析运用于农业结构变动分析，目的是讨论兵团农林牧渔总产值与农业各部门、主要农作物与种植业总产值、主要畜产品与畜牧业总产值的关联程度，试图找出影响农林牧渔总产值、种植业总产值和畜牧业总产值的主要因素与次要因素，为农业内部结构调整提供一定的参考。

1. 农业内部各部门与农林牧渔总产值的关联效应分析

以 1990～2012 年的农林牧渔总产值数据作为参考数列，以同期的种植业、林业、牧业和渔业总产值数据作为比较数列，通过均值化计算绝对差、关联系数，最后得出灰色关联度，进而分析各农业部门对农林牧渔总产值的影响程度。如表 6-4 所示。

表 6-4　1990～2012 年兵团农业内部各部门与农林牧渔总产值的灰色关联分析

影响因素	关联度	关联序
种植业	0.9285	1
林业	0.6800	4
牧业	0.8303	2
渔业	0.7682	3

经过计算得出，1990～2012 年，兵团农、林、牧、渔业与农林牧渔总产值的灰色关联度大小顺序为：种植业 > 畜牧业 > 渔业 > 林业。对兵团农林牧渔总产值影响最大的是种植业产值，其次是畜牧业产值。其中种植业与农林牧渔总产值的关联度最高，种植业对兵团农业发挥着重要作用；其次是牧业与农林牧渔总产值的关联度较高、影响略大些，1990 年以来，兵团畜牧业快速发展，畜牧业产

值快速增长。林业、渔业关联度较小与其产值绝对值较小有关，所以对农林牧渔总产值的作用不明显。

2. 种植业产值与主要作物产值的灰色关联分析

以1990~2012年的种植业产值作为参考数列，选取相应的粮食作物、油料、棉花、甜菜、蔬菜和瓜果产值作为比较数列，计算结果如表6-5所示。

表6-5　1990~2012年兵团种植业内部农作物产值的灰色关联分析

影响因素	关联度	关联序
粮食作物	0.6483	5
油料	0.6495	4
棉花	0.8371	1
甜菜	0.6292	6
蔬菜	0.8110	2
瓜果	0.6762	3

各主要农作物关联度的大小排序为：棉花 > 蔬菜 > 瓜果 > 油料 > 粮食作物 > 甜菜。其中，棉花对种植业产值的关联度为0.8371，棉花及其相关产业在兵团种植业中占据核心地位。蔬菜和瓜果对种植业产值的关联度分别为第二和第三位，以工业用番茄和工业用辣椒为代表的蔬菜和以葡萄、红枣为代表的瓜果业蓬勃发展，在种植业经济中的地位逐年提高。油料、粮食作物、甜菜的关联度为第四、第五、第六位，其对种植业产值有一定的影响，但对种植业的贡献作用不明显。

3. 畜牧业内部的灰色关联分析

以1990~2012年的畜牧业产值作为参考数列，选取相应的肉类、羊毛、牛奶和禽蛋产量作为比较数列，计算结果如表6-6所示。

表6-6　1990~2012年兵团畜牧业主要畜产品的灰色关联分析

影响因素	关联度	关联序
肉类	0.8479	1
羊毛	0.7271	4
牛奶	0.8199	2
禽蛋	0.7350	3

由表6-6可以看出，畜牧业中主要畜产品的关联度大小顺序为：肉类 > 牛奶 > 禽蛋 > 羊毛。畜牧业中，肉类产量对牧业产值灰色关联度最高，其对牧业产

值的贡献最大；兵团畜牧业中主要以猪、牛、羊的牲畜饲养为主，禽畜存养结构的调整促进了畜禽产品产量的增加，进而促进了畜牧业产值的增加。牛奶产量的灰色关联度居第二位，这主要是因为近年来，以乳业为重点的养牛业已成为畜牧业新的增长点。禽蛋产量与羊毛产量与牧业产值的关联度不高，对牧业产值贡献不大，畜产品的产品品质还需提升。

第五节　以农业现代化为目标的兵团农业结构调整

目前，科学技术迅猛发展，国际竞争异常激烈，世界经济形势变得错综复杂，难以把握。特别是 2007 年的全球金融危机导致许多西方国家的经济衰退，金融危机从产品出口、价格变化、农民就业与增收等方面对农业农村经济产生了直接影响，农业农村经济发展的阶段性、区域性、结构性和不确定性特征日益凸显。从长期来看，随着人口增加、城镇化水平提高和消费水平提升，对农产品需求将持续增加，质量要求将进一步提高，农业生产面临的资源环境约束进一步增强。农业发展以实现农业现代化为目标，顺应变化了的兵团内外部发展环境，制定正确的农业结构调整政策，将有效促进兵团经济增长。

一、农业结构调整面临的环境和形势

（一）农产品的市场压力加大影响农业结构调整

当今的市场是全球性的开放市场，农产品的滞销问题、卖难问题日益显现，农产品的市场压力加大。由于我国农业的科技总体水平不高，农业经营规模小，劳动生产率低，生产成本刚性上涨，农产品价格高于国际市场，与国外大规模现代化农业相比，并不具有竞争优势。市场对农产品的多样化和优质化要求越来越高，导致供求关系发生很大变化，出现普通产品卖难问题。这两种情况造成的后果是，农民的直接经济利益受到损害，情绪低落，不利于农业生产的发展。近两年兵团棉花市场的大起大落、加工番茄卖难等现象大大影响了团场职工的生产积极性。

（二）农业资源的差异性决定农业结构优化的差异性

三类垦区农业资源的差异性明显：天山北坡经济带垦区是三类垦区中最具实力与竞争力的经济带，自然资源丰富，土壤条件好，人口密度、素质和富集程度较高，距离城市较近，垦区内团场相对集中，交通便利，农业现代化水平较高。南疆垦区是南疆地区经济建设、社会稳定、民族团结和稳边固疆的重要力量，团场主要分布在塔里木盆地边缘和腹地，远离交通干线和城镇，水资源紧缺，少数民族人口较多，独特的光照资源非常有利于棉花和特色林果的生长，是全国的特色瓜果基地。边境垦区团场与俄罗斯等八国接壤，守卫着 2019 千米、纵深 30 多千米的边境线，所有的边境团场都在民族地区，担负着"屯垦戍边"的特殊历史使命，边境团场的建立大多出于当时维稳戍边的政治目的和屯垦戍边布防的需要，气候条件恶劣，土壤、水资源条件较差，人烟稀少，生产生活条件极差，近七成是贫困团场，是兵团的粮油甜基地和畜牧业基地，经济发展状况相对处于劣势，农业现代化水平相对较低。三类垦区农业发展的环境决定了在实现农业现代化进程中必须根据资源禀赋、区位特点和比较优势，制定合适的农业结构调整政策。

（三）种植业是兵团农业发展的基础和重点

农业自身的特点，决定其发展会受到自然条件的明显约束与影响，区域资源与环境同农业结构之间存在着密切联系。农业内部各产业的生产活动离不开自然资源和自然环境，自然环境中一系列资源的组成特点、时空分布及其功能从一定程度上决定了各产业的内部结构和外部联系，决定了农业产业格局在地区上的相异性。兵团地处欧亚大陆腹地，具有三山夹两盆的地貌特征，其独特的土壤、光热和气候条件为大力发展棉花、粮食等提供了得天独厚的优势；同时，种植业属于土地密集型产业，而兵团团场要长期履行屯垦戍边使命，必须拴心留人。根据要素禀赋理论，一国或一地区发展密集使用其丰富要素的产业更具有比较优势，兵团适于发展土地密集型产业，自改革开放以来，兵团产业结构中农业是主导产业，农业结构的调整以农林牧渔副并举，但是种植业仍是农业发展的基础和重点。

（四）政策援疆加速推进兵团农业结构优化

中央新疆工作座谈会为兵团实现跨越式发展提供了难得的政策机遇。党中央、国务院高度关注新疆的发展与稳定，兵团特殊作用更加凸显。我国将着力推进基本公共服务均等化，深入实施西部大开发战略，进一步推动传统产业、资源性产业向西部转移，为兵团承接东部优势产业转移、推动发展方式转变、缩小与全国发展差距创造了有利条件。兵团 12 个师（市）及团场纳入全国对口支援范围，从经济、干部、人才、教育、科技等方面组织内地省市对兵团实行全方位对口支援，为兵团发挥后发优势、实现跨越发展、致富职工群众提供了前所未有的历史机遇，兵团农业现代化和农业结构调整将获得有力的支撑。

二、兵团农业结构调整应坚持的原则

为实现兵团农业现代化目标，农业结构调整应按照区域化布局、标准化生产、集约化经营、产业化带动的要求，坚持以水土资源承载能力为前提、以市场为导向、以产业化龙头企业为主体，调整农业结构，培育主导产业竞争优势、强化区域比较效益、延伸农产品产业链，提高农业综合竞争力。

（一）以水土资源承载能力为优化的前提

水是维系生命与健康的基本需求，兵团的水资源利用以农业用水为主，而农业本身是高用水、低产出的行业，随着经济社会发展，兵团用水量持续增长，为提高兵团水资源的用水总体效益，兵团大力推行节水灌溉，农业用水占总用水量的比重已由改革开放初的99%降至92%，农业灌溉用水有效利用系数提高到0.52，但水分总体生产效率仍然很低，2012年兵团万元GDP用水量大约为全国平均水平的7.2倍。农业结构调整必须从以水资源高效和可持续利用为根本，在不降低生态环境质量及团场职工收入水平的条件下，以提高供水保证率和用水效益为重点，加大与农业发展密切相关的农田水利设施建设，推进农田水利现代化。逐步形成水资源合理开发、综合治理、科学配置和高效利用的基本格局，适应农产品市场需求，调整农业生产结构，在基本满足区域粮食安全的前提下，使水资源能够可持续地满足生态、生活及经济生产的需求。

（二）正确发挥政策引导和市场导向作用

在现代化进程中必须正确发挥兵团职能和市场作用。在不同历史时期，政府和市场的角色不同。欧美早期的工业化国家，主要依靠市场自发调节，逐步实现了"三化"同步发展，但道路漫长；而日本等后发工业化国家，主要依靠政府对经济发展的推动和干预，较快实现了"三化"同步发展。随着经济发展，世界各国在推进"三化"协调发展过程中，市场机制发挥的作用越来越大，政府干预的范围和方式都发生了较大变化。兵团在农业现代化起步阶段，经济基础较为薄弱，资源相对匮乏，尤其需要借助兵团集中动员资源的能力，通过政策引导发挥区域比较优势，大大提高农业生产的集中度，加强对农业的支持和保护。随着农业现代化步伐的加快，市场经济体制不断完善，在加强兵团对农业支持保护的同时，更要注重发挥市场有效配置资源的基础性作用，进一步探索兵团特殊体制与市场机制有效接轨途径。农业结构调整政策的制定是为市场主体提供明确的发展导向，主要发挥市场配置资源的基础性作用，依靠市场主体的自主行为实现结构优化。有关部门要履行市场监管职能，减少对微观经济的直接干预，维护公平竞争，为市场主体创造良好的发展环境。应改变一味追求增产的政策思路，尽可能以市场信息来引导农业结构调整，要积极地传递市场信息而不是扭曲市场信息，政策要在稳定产量目标的基础上更多地关注增收目标。在保持农产品供求平衡的前提下，各师可根据资源禀赋调整农业产业结构，发挥比较优势，强化区域经济特点。要搞好特色优势农产品区域布局规划，支持优势产区发展各具特色的农副产品，加强产业政策与财政政策、金融政策的配套衔接，发挥扶持政策对结构调整的引导作用，走精品、优质、高效农业发展之路。

（三）正确处理短期利益和长远利益

研究证明，兵团农业政策的制定实施与农业结构调整对经济增长发挥作用，短期内农业经济增长对农业结构调整的响应处于波动微调的时期且为负响应，但从长期来看，农业结构调整对农业经济增长的正向拉动影响时限更长，也更稳定。农业经济增长与农业结构调整之间存在密切的长期关系。说明兵团在制定农业结构调整政策上应采取长期政策而非短期政策，这样才能促进实际经济的产出。传统的粗放农业发展方式已无法适应兵团经济跨越式发展的要求，实现农业结构调整优化，向集约化农业经济发展方式转变刻不容缓。在处理短期利益和长远利益、处理短期高速发展和长期可持续发展的关系时，要统一思想、排除困难，下决心牺牲一点短期发展和短期利益，推进经济结构调整和经济发展方式转变。

（四）农业结构调整要与农业产业化龙头企业联动

要将农业置身于三次产业链条中，兼顾团场、企业和职工利益，引导农产品加工、流通、储运企业向农产品主产区集聚，形成加工、生产、销售、服务一体化产业链，实现整体利益最大化。兵团要依托特色资源优势，使农产品生产向优势区域集中，建设区域优势农作物产业带，根据优质的产业配套加工企业，形成区域性农产品生产和加工区。塑造市场化、专业化和社会化的现代农业发展主体，建立联系紧密、运转协调、分配合理的"龙头企业 + 团场中介服务 + 基地农户"产业化运行机制，构筑更有效率的利益协调、利益增进、激励约束和风险分担机制，提高农产品综合竞争力，实现职工增收、团场增效。加大对农副产品精深加工和储运保鲜营销龙头企业支持力度，延长农产品产前、产中、产后及精深加工产业链，提高产品附加值，统一标准、统一质量、统一品牌、统一销售，以龙头企业带动粮、棉等种植业，番茄、红枣等果蔬园艺业，乳、肉等畜牧业三大优质农产品基地建设。鼓励农超、农企对接——引导鲜活农产品产地与大型农产品连锁超市、大企业建立长期、稳定的购销合作关系，降低农产品流通成本，提高农产品流转升值效率。要把农产品加工和农业结构调整相结合，以销售定加工，以加工定生产，引导职工为加工而种，为加工而养。鼓励采用节能、环保、降耗的现代技术装备，大力发展棉、果、畜等重要农产品精深加工，积极发展"菜篮子"产品加工，巩固发展粮、油、糖等传统加工，着力推进非粮作物制造生物质能源以及利用农业资源发展特色中草药、新型疫苗、诊断试剂等生物医药以及生物饲料、生物农药等绿色农用生物产品，加快高技术农产品加工业发展。

（五）加强耕地和基本农田保护

兵团尚处于工业化初期，在实现"三化同步"的过程中，要强化耕地保护共同责任机制，严格土地用途管制，团场的所有耕地均不得自行改变用途和性质，从严控制非农建设占用耕地，要兼顾增加耕地数量与提高耕地质量，确保耕地占补在数量和质量上的平衡，新引进的工业项目占地应选择非农业用地开发建设。严禁水土无序开发，加大土地整理力度，实施中低产田改造和盐碱地综合治理工程，加大高标准农田建设，推进耕地和基本农田质量建设，强制回收废旧农膜，鼓励废旧农膜加工转化和再利用，积极推广可控降解地膜，防治农业面源污染。主要发挥市场配置资源的基础性作用，依靠市场主体的自主行为实现农业结构优化。转变农业发展方式，坚持农业资源开发与生态环境并举，在自然承载限度内和确保资源永续利用的前提下科学合理地开发利用农业资源，争取以较少的农业资源消耗获得较高的农业生产效益，有效保护农业生态环境，实现兵团农业可持续发展。

第六节 不断调整优化农业结构，推进兵团在西部地区率先实现农业现代化

以农业现代化为目标的兵团农业结构调整应该按照生产、加工、销售、服务、生态"五位一体"思路构建现代农业产业体系，促进农业由生产型向经营型、由传统型向现代型、由数量型向效益型转变，推进种植业与养殖业相结合，提高畜牧业和果蔬园艺业效益，因地制宜建设设施农业，发展高产、优质、高效、生态、安全农产品，实现稳粮、优棉、增果畜目标。提高土地产出率、资源利用率、加工增值率和劳动生产率，确保农产品竞争力有效提高、职工收入持续增长、团场效益显著提升、农业资源可持续利用，力争率先在西部地区实现农业现代化。各垦区农业发展水平不同，资源禀赋的客观差异决定了农业结构调整的政策必须因地制宜，根据资源禀赋、区位特点和比较优势，科学确定不同垦区农业发展重点，逐步实现农业现代化。

一、推动天山北坡经济带垦区率先实现农业现代化

（一）优棉增果，推动生猪和奶牛专业化

随着工业化和城镇化进程的加快，天山北坡经济带垦区农业在经济中的比重将明显下降，但农业的基础性地位不能改变。要切实加强基本农田保护，稳定棉花优势基地生产，满足纺织业发展需求，完善棉花生产的产业链。通过第二、第三产业的快速发展吸纳农业富余劳动力，逐步提高棉花承包定额，提高棉花机械化采摘比例，稳步提高棉花生产集约化水平。葡萄产业要充分发挥市场配置资源

的作用，酿酒葡萄要以销定加工，以加工定生产，鲜食葡萄要完善农产品加工、储藏、保鲜设施，拓展农产品销售渠道。理顺与完善农产品加工龙头企业的合作机制，实现饲养标准化、生产规模化、经营产业化和防疫程序化，推动生猪和奶牛专业化养殖。要加快该垦区农业结构调整优化，率先实现农业现代化目标。

（二）依托城市，提升农业综合发展能力

要率先改变绿洲经济桎梏，团场逐步建立完善既体现兵团集团化、规模化优势，又能激发承包职工自主经营的积极性，同时适应市场经济要求的双层经营体制，使团场经济的市场化程度越来越高。城郊团场依托地缘优势大力发展设施农业、观光旅游农业、花卉苗圃等市场融入程度高、劳动密集的农产品生产，缓解人地矛盾，增加职工收入，借助石河子市、五家渠市及重点农业产业聚集园区进行据点式开发、交通轴线开发，在更高层次参与兵团区域外部农业经济合作与竞争，开拓完善农产品市场体系建设，提高兵团团场在天山北坡经济带中的影响力和带动力。

（三）发挥优势，打造现代农业先行区

发挥天山北坡各垦区资源优势，发展农产品精深加工，发挥天山北坡各垦区比较优势，率先推进现代农业建设，完善农业生产和经营模式，加大先进适用农机具研发、生产和应用力度，实施棉花生产全程机械化，大力发展农用装备制造业，率先形成"节水灌溉、收获加工、耕作播种、牧草加工"四大农牧机械体系。提高农业机械自主生产能力，推进棉花、番茄等作物收获机械全面本地化生产。打造兵团现代农业先行区。

二、支持南疆垦区农业跨越式发展

（一）做大做强南疆垦区的畜牧业和林果业

南疆垦区水资源利用率低，而且受到水资源缺乏的严重制约。农业结构调整要坚持以水定地，以水定产业，根据农业发展比较优势确定农业结构调整方向，在确保粮食安全的前提下以效益为中心发展优势棉花基地，普及良种、多元发展、突出特色、创立品牌、提高效益，建立以红枣、香梨、核桃、巴旦杏为主的优质特色林果基地，避免单一品种的发展模式，积极发展饲草料种植推动优质奶牛和肉牛肉羊养殖基地生产，率先实现农业棉、果、畜"三足鼎立"的格局。立足后发优势，大力发展特色农产品精深加工及民族特色产品生产加工。

（二）建立完善农业产业化园区建设

通过对口支援方式，在阿拉尔、图木舒克建立农业产业聚集园区、现代农业示范区，充分利用特色农副产品资源，培育和发展壮大农业产业化龙头企业。积极发展棉花、特色林果、畜禽、药材等农副产品加工和优质鲜果储藏、保鲜业。

据有关机构研究分析，我国每年生产的水果蔬菜从田间到餐桌，损失率高达20%～25%。发达国家已普遍采用规范配套的果蔬保鲜流通，从预冷、储藏、洗果、涂蜡、冷冻运输等方面进行保鲜处理，果蔬损失率普遍控制在10%以下，美国果蔬在保鲜物流环节的损耗率仅有3%～4%。农产品冷链保鲜产业是产后农业重要一环，对进一步延伸现代农业产业链，促进职工大幅增收具有重要意义。南疆垦区要重视农产品冷链保鲜产业发展，延伸果蔬园艺业产业链条。

（三）加大人才培养和政策扶持

南疆垦区少数民族团场较多，人口素质相对较低。要抓住援疆和对南疆三地州特殊扶持政策加大人才教育和培养，提高义务阶段教育覆盖面，借助塔里木大学发展各类农业职业教育，培养农业现代化所需的各级各类人才，适应农业现代化对人才的特殊需求。

三、扶持边境垦区加快农业现代化发展步伐

（一）稳定粮油基地，加快特色作物种植

边境垦区经济的基本支柱产业是农业，是兵团重要的粮油糖和肉用牛羊基地。农业结构调整要实行政策倾斜，因地制宜，在巩固粮、油、糖等传统作物种植优势的基础上，提高粮食加工转化能力，扩大香料、打瓜籽、中草药等特色作物种植规模，加快打瓜、红花、枸杞等特色产业基地、杂交制种基地和有机食品基地建设，加快形成规模生产经营，争创名牌产品，稳定占领疆内外市场。充分利用自然水，大力发展特种水产养殖业。毗邻城镇的边境团场要依托城镇，重点发展以温室大棚蔬菜、花卉、食用菌生产为主的特色果蔬园艺业，使其成为团场经济发展的重要支柱。国家及兵团的各项农业补贴政策要实行边境垦区优先，保证兵团粮食安全。

（二）积极发展肉用牛羊养殖和饲草料生产

加快发展畜牧业，不断提高畜牧业在农业中的比重，是农业发展的基本趋势。得天独厚的草场资源适宜发展畜牧业，随着城镇化水平的提高，消费者对肉、蛋、奶的需求会不断增加，畜牧业发展的前景十分广阔。传统肉牛肉羊养殖要加大养殖小区舍饲圈养建设力度，把分散的养殖户吸收到小区中来，进一步提高规模化、集约化养殖水平，降低农户的饲养成本，促进边境垦区畜牧业向规模化、集约化方向快速发展，有条件的地方积极发展马鹿、特种禽类养殖，进一步提高畜牧业在经济中的比重。畜牧业的发展客观上需要加快加大品种改良力度，加强天然草场和人工饲草料基地建设，坚持实施退耕还牧、还草，恢复草场植被，改良草场，治理草场退化。优化饲料作物结构，选择并扩大蛋白质含量高的饲用玉米、小黑麦、薯类、豆类和牧草的种植，并尽量多种植肥饲兼用

作物。

（三）发展口岸经济推动农业现代化发展

边境垦区团场具有向西开放的独特区位优势，要依托口岸和周边国家资源优势，建立农产品出口及来料加工区，按照科学技术、生产手段、设施装备和管理方法现代化的要求，发展以反季节果蔬为主的设施农业，实现在有限的耕地资源和水资源条件下最大限度创造农业生产价值。有条件的师团可在周边国家以租赁、承包、投资、购买等方式开展农业综合开发，建立境外农业基地，扩大农业经营规模，发展边境劳务输出等。提高边境垦区自我发展能力，更好地发挥戍边维稳作用。

农业结构调整是农业发展的永恒主题。当前，随着工业化、城镇化、市场化、国际化进程不断加快，兵团农业经济发展面临自然的、市场的、国内的、国际的不确定因素和挑战明显增多，实现农业跨越式发展、职工持续增收的任务仍然很重。特别是在水资源有限的条件下要实现农业经济的可持续发展，对农业结构优化提出了更高的要求，农业政策需要不断创新。机遇与挑战并存，兵团在推进"三化"同步、实现农业现代化的过程中，具有农业现代化基础较好的先天优势，具有组织化程度高、集团化特点突出的体制优势，具有中央援助新疆和兵团、兄弟省区对口支援的政策优势。伴随着工业化、城镇化步伐的快速推进，以城镇化为载体，以新型工业化为支撑，人口逐渐向城市（镇）、产业向园区、土地向规模经营集中，以农业标准化生产为抓手，以农业科技成果转化为动力，以农业产业化经营为先导，推广节水灌溉技术，推进农业机械化，加快建设现代农业示范基地，加强政策引导，优化农业区域布局，充分发挥市场在资源配置中的基础性作用，促进农业内部结构进一步优化和现代农业发展方式的转变，兵团率先在西部地区实现农业现代化的目标必将顺利实现，兵团将为推进新疆跨越式发展和长治久安做出新的更大贡献。

第七章　兵团节水生态农业多元化主体投融资机制

2014 年中央一号文件聚焦完善国家粮食安全保障体系、深化农村土地制度改革、加快农村金融制度创新等八大方面工作，全面定调 2014 年及今后一段时期我国农业的工作。这是中央一号文件连续第十一年聚焦"三农"。对比过去三年的关键词："加快发展现代农业"、"推进农业科技创新"、"加快水利改革发展"，2016 年的关键词"全面深化农村改革"站到了俯瞰全局的高度。农业的发展进入一个深化改革、破冰攻坚的时期。在中央新疆座谈会议后，中央财政持续加大对兵团农牧团场的投入力度。而目前在农业投融资主体上的缺失，外加农业本身的弱质性、兵团体制的特殊性、长期负债率高带来的信用风险等为兵团节水生态农业的可持续发展带来了很大的考验和挑战。本章将从兵团节水生态农业的投融资现状出发，探讨其中存在的问题和原因，对其多元化的投融资主体结构进行分析，研究其可行性，以期逐步构建较为完善的兵团节水生态农业多元化主体投融资机制。

第一节　兵团节水生态农业投融资现状

2012 年农牧团场实现农业总产值 675.85 亿元，较 2005 年、2010 年分别增长 182.2%、9.4%，经济总量的增长必然带来生产资料和基础设施投入的增加。农业基础设施建设方面，兵团积极争取国家资金支持，大力进行基础设施建设，提高农业生产能力，大批农田及配套的基本建设项目逐步完善，如节水滴灌、渠道防渗、生态林、退耕还林、道路建设等，提高了农田产出效益。但目前兵团节水生态农业投融资现状既有着有利因素，也存在着不利因素。

一、兵团节水生态农业投融资有利因素

（一）团场的经营管理执行力较强，有利于团场的融资

企业的执行力问题是当前我国企业中的热点问题之一，而兵团作为一个企

业，在执行力方面有着自己独特的优势。目前兵团对团场的管理体制仍采用部队上的兵团、师、团、连队管理体制，在经营管理中的执行力方面带有一些军事色彩，执行力相对较强，上级的经营决策很快能得到贯彻执行。兵团的这一优势，对吸引资本流入团场有一定的积极作用。

（二）团场的生产有较强的计划性，便于团场制定融资计划

兵团团场一直实行以职工家庭承包经营为基础、统分结合的双层经营体制，产品实行订单收购。在这种体制下，兵团团场的生产经营有较强的计划性，团场对大宗农作物实行"五统一"管理，要求承包职工与团场签订产品购销合同，约定承包职工必须将所收获农产品全部出售给团场。兵团的这种农业管理模式从融资的角度来分析，可以预先匡算出每年团场种植业所需的资金量，便于及早做出融资计划。

（三）中央财政对团场建设有一定支持

兵团的团场经济既属于我国农业经济的范畴，同时还带有屯垦戍边经济的性质，所以兵团的屯垦戍边新型团场建设相对于其他地区的新农村建设，在争取中央财政资金的支持方面有优势。

（四）参与金融支持兵团的银行机构不断增多

共有 14 家银行机构设立了兵团业务部及工作团队，提高对兵团提供金融支持的针对性；乌鲁木齐市商业银行、新疆农村信用社联合社等也积极进入兵团市场。截至 2012 年底，兵团辖区已设立农村合作银行 1 家，村镇银行 5 家，担保公司 17 家，小额贷款公司 17 家，融资租赁公司 1 家，典当公司 39 家；兵团城市、师部和农牧团场有金融机构网点 351 个，其中团场有金融机构网点 222 个，团场金融服务空白点基本消除，初步形成以国有大型银行为支撑、各银行积极介入、多种非银行业金融机构为补充，充分竞争的多元化金融服务体系。

二、兵团节水生态农业投融资不利因素

目前，基础设施建设的中央财政资金尚未实现全额保障，项目建设配套资金基本上全部由团场承担。在团场自身财力有限、自有资金无法保证配套时，只能依赖银行借款，以保证项目的顺利实施。2012 年末团场银行贷款余额中，用于农田基础设施，棉花加工厂技改，滴灌投入，番茄、葡萄、红枣种植，奶牛产业等重点项目的投资借款 61. 96 亿元，占借款总额的 28%。

（一）团场存在的特殊风险因素使得银行对团场的贷款顾虑重重

银行对团场贷款主要顾忌以下风险：

一是农业的弱质风险。我国农业属弱质产业，兵团农业也是如此。兵团农业生产基础设施薄弱，抵御风险能力低，加之生产周期相对较长，银行除面临经营

风险、市场风险所导致的信用风险外，还必须面对自然灾害导致的信用风险。兵团大部分团场分布在新疆漫长的两大沙漠边缘和边境线上，自然条件相对恶劣，因自然灾害导致的信用风险时常显现。

二是体制性风险。团场具有一般国有企业的基本特征，在计划经济时期和转型时期向银行的借款一部分已形成了银行的不良贷款，从而影响到银行对团场的信用等级评估。另外，团场承担着管理区的社会职能，当自身积累不足或国家相应的拨款不到位时，只能挤占挪用银行信贷资金，这样也会加大银行对团场的信贷顾虑。

三是信用风险。团场的特殊性质与区域使其相互信用担保，而银行对这种信用担保也是顾虑重重。

（二）兵团节水生态农业管理体系建设不够健全，投入渠道不畅，经费保障不足

兵团是党政军企合一的单位，是独立的法人实体。兵团各团场自行管理辖区内的行政事务，并承担辖区内公共职能和政治职能。团场自己承担管理部门的职能，人员自行配备，但兵团各团场又不承担工商管理和税收管理，没有设置财政部门，没有财政收入。同时兵团作为企业，又要向所在地缴纳工商管理费、税收等，团场中存在企业办社会现象。团场中经常出现将所筹集的资金改变用途，用于团场公共事业支出的现象，这样就加重了资金供应者对团场的投资顾虑。

（三）兵团金融业发展结构不平衡，融资渠道和路径不宽

目前，兵团基层金融机构网点主要以农业银行和农村信用合作社为主，其他银行网点很少。兵团还没有参股或控股的区域性商业银行；村镇银行、农村合作银行等农村金融机构数量较少，规模较小；融资性担保公司、小额贷款公司数量、规模有限。服务兵团的金融主体数量偏少、规模偏小，多元化程度不高，金融市场发育尚不成熟。利用资本市场融资不充分，保险保障作用还需进一步发挥，金融体制和服务创新不足，还不能完全满足兵团跨越式发展带来的多样化、多层次的金融需求，支持兵团节水生态农业发展的能力有待提高。

金融业发展结构不平衡。信贷资金更多向重点城市、大企业、大项目倾斜，面向"三农"、小微企业和民生领域的金融服务较薄弱。金融服务多集中在城市及经济社会发展条件较好的地区，边境贫困团场金融服务不足。

融资渠道和路径不宽，直接融资比例偏低。非银行金融机构发展较慢，机构数量偏少，资产规模较小。财务公司和金融租赁公司等尚属空白。上市公司资产规模偏小、再融资能力不强。

（四）职工素质呈迅速下降态势，人文环境不利于融资

兵团的人力资本存量水平，在 20 世纪六七十年代以青壮年为主体的团场职

工，其学历层次高于当时的全国平均水平，但自 20 世纪 80 年代以后，随着兵团各类人员的"东南飞"，兵团人力资本存量水平呈迅速下降态势，兵团老职工子女也纷纷离开兵团的土地而各奔东西。为了稳定兵团的职工队伍，很多团场从内地招募了许多新职工，但这些职工大部分文化素质较低，劳动技能较差。据不完全统计，兵团团场农业一线承包土地的职工中，80% 以上都是外来工，而这些外来工初中及初中以下文化程度占 77%。资本的运行需要人去操作，它不仅要求管理者要有高素质，具体的劳动者也要有相应的素质。人文环境是决定资本流向的重要因素之一。

（五）节水生态农业前期费用大

1. 兵团农业科技与机械化程度较高，生产设备所需资金量大

由于兵团农业生产有一定的计划性，从而避免了在兵团的土地上出现"花花田"现象。兵团几百亩、上千亩的地块规划如一，形成成块的大条田，便于进行机械化作业。团场机械化率达到 84%。农业产值中科技贡献率达到 51%，地膜种植、节水滴灌、测土施肥等新技术的推广范围较大。团场农业生产科学技术水平和机械化程度较高，对团场的融资提出了更高要求。高水平的农业科技水平和农业机械化程度需要大量的资金支持。据调查，团场的很多职工都有购买或更新大型农机具的愿望，但融资困难一直是阻碍他们购买的主要原因。通过各种途径，保证建设资金足额及时到位，是项目得以实现的经济基础。建设 400 万亩节水灌溉工程需要 30 多亿元资金，建设期内每年需要投资 6 亿元左右，能不能解决资金投入问题成为节水灌溉顺利进行的关键。因此，兵团始终把确保资金投入放在首要位置认真抓好。按照"争取补助、扩大贷款、群众集资、政策调动"的原则解决资金问题。

高效节水灌溉工程建设资金，主要来源于上级补助、师水利建设基金和基层单位自筹。如第一师，截至 2012 年底，全师共建成高效节水灌溉面积 114.18 万亩，项目总投资 55099.87 万元，其中国家节水增效示范项目 300 万元，塔河近期综合治理专项资金 4445 万元，农业开发 10734 万元，棉花基地预算内资金 200 万元，以工代赈 908 万元，扶贫 520 万元，贴息贷款 450 万元，其余为师水利建设基金和团场自筹资金。

2. 职工承包土地面积大，每年的农业生产投入大

兵团团场职工平均承包土地面积是全国平均水平的 4.1 倍，在全国其他地区人均耕地面积很少的情况下，兵团丰富的土地资源优势非常明显，但另外也说明兵团承包土地的农工农业生产投入大，需要的资金较多。

3. 农业生产基础设施薄弱，改造所需资金量巨大

兵团大部分团场农牧业生产的农田水利和畜牧业饮水工程是建团初期所修，

由于年久失修，渠系渗水、漏水、跑水情况严重，进一步加剧了团场水资源紧张的局面。有些团场水土流失严重、土壤板结现象较为突出。对这些农业生产基础设施的改进，所需资金量很大。

第二节　节水生态农业多元化主体投融资分析

水利及其农业基础设施是现代农业建设不可或缺的首要条件，是经济社会发展不可替代的基础支撑，是生态环境改善不可分割的保障系统，具有很强的公益性、基础性和战略性。兵团成立以来，始终坚持不懈兴修水利、支持农业基础设施建设、推广节水农业技术发展，特别是改革开放以来，大力推进节水灌溉建设，加强水利基础设施建设，有力促进了兵团经济社会发展，为屯垦戍边事业奠定了坚实的基础，逐步建立了兵、师、团三级节水管理机构。但在节水生态农业的投融资机制方面还有着很多尚待改善的地方。兵团节水生态农业发展依然是政府主导下的投融资机制，因此本章借鉴参考国内外在政府财政投入方面的机制，以期探索出适合兵团的节水生态农业投融资机制。

一、发达国家节水生态农业投融资模式

发达国家对于节水生态农业投资项目的管理主要体现在水利投融资政策方面。水利投融资政策是指在水利建设领域投资、融资、补偿等政策与法规的总称，它可以分解成水利投资政策、融资政策和补偿政策三个部分。结合兵团大农业的现状和节水农业实施特点，重点参考美国、日本投融资机制和模式。

（一）美国的水利投融资政策

（1）投资政策：一是明确投资主体及其事权的划分。美国水利项目的建设与开发的投资主体包括各级政府、各私人部门和居民，政府占据了绝对重要的投资主体地位，水利项目60%以上投资均源于各级政府的资金投入。按职责管辖范围，联邦政府主要负责大河及跨州河流的治理，地方政府主要负责中小河流的治理。二是按水利事权的划分实施投资主体分摊投资。比如防洪工程，20世纪70年代以后联邦政府负担65%，地方负担35%。三是不同的时期，投资重点选择不同。如21世纪70年代，美国对西部地区确立环境和生态保护为水利建设的首要目标，其投入占建设资金比重超过80%。

（2）融资政策：一是广辟融资渠道，主要有美国各级政府财政拨款、联邦政府提供优惠贷款、向社会发行债券、建立政府基金、向受益区征税、项目业主自筹资金、社会团体或个人的捐赠等。二是资金融通方式与使用结构多样化。美

国水利资金的融资方式表现为直接融资与间接融资并存，政府财政性资金虽然在水利资金中占据主要地位，但只有少部分财政性资金具有无偿性，而大部分财政性资金则通过市场化贷给非公益性水利项目有偿使用。从水利资金使用结构来看，它随不同的建设时期和不同性质的工程项目有所不同，防洪工程较多地依靠政府拨款，而水利和城镇供水项目较多地依靠发行债券。

（3）补偿政策：美国十分重视水利项目运营成本的补偿，以保持水利项目的可持续利用。防洪和改善生态等公益性项目的维护运行管理费用主要由各级政府财政拨款或向保护区内征收的地产税开支；以供水和发电为主兼有防洪、灌溉等功能的综合水利工程，维护运行管理费用由管理单位通过征收水（电）费补偿并自负盈亏；灌溉工程在使用期限内，其运行管理费由地方政府支付，对于水利工程的折旧费，实施严格提取，并专门用于水利项目的更新改造和再投资。

（二）日本的水利投融资政策

（1）投资政策：根据不同工程实施投资分摊的政策。日本的水利资金投资主体主要是国家、地方政府、农民和项目业主，国家和地方政府仅对水利公益事业进行大量投入，而把水利非公益事业推向市场，由项目业主负担，政府提供一定的补助。尽管如此，日本的水利资金投入以国家和地方政府的资金注入占据主导地位，并且水利投资一直在各类公益事业中占据首位。

（2）融资政策：实施多元化的融资。日本水利资金融资渠道主要有：各级政府财政拨款、向银行贷款、向社会发行债券、自筹和接受捐赠款项等。

（3）补偿政策：实施分摊补偿政策。日本水利工程运行管理费用的补偿一般由国家和地方政府负担一半以上（50%～80%），农民负担一部分（20%～50%）。对于水利工程的折旧，专门用于水利工程的更新改造。

二、兵团节水生态农业投融资多元化投融资机制构建

借鉴国际成功的实践，可以发现：解决"三农"发展中投融资不足的关键在于政府，特别是政府的财政投入和政策性金融支持。但是政府的财力是远远不够的，也不可能包揽新型团场建设中的所有项目和内容，为此，需要一个多元化投融资来解决兵团节水生态农业发展的理想框架来指导投融资机制的创新。多渠道投融资主要是指汇聚财政、政策性金融、外汇、外资、企业资金、集体资金和兵团、团场连队及职工自有资金等多种资金来源，共同用于兵团节水生态农业发展。

（一）兵团节水生态农业投融资机制

建立以政府为主体的多元化投融资体系，并不是要求政府包办，而是通过政府财政、政策性金融等杠杆作用，调动各个主体的功能。在宏观政策层面进行财

政、金融协调，引导和信用、法律等保障。在中观运行执行层面，兵团及兵团各团场建立准入机制、资金回流机制和价格规制机制，促进兵团水价的管理，实现节水农业的良性互动与提升节水生态农业的经济效益。此外，在微观层面，基层连队和职工也参与到节水生态农业投融资机制中来，要在中观运行执行层面强化投资补偿回报制。通过宏微观和中微观的协调高质量协作，以实现兵团节水生态农业投融资机制的良性发展。理想的兵团节水生态农业的投融资机制创新框架如图7-1所示。

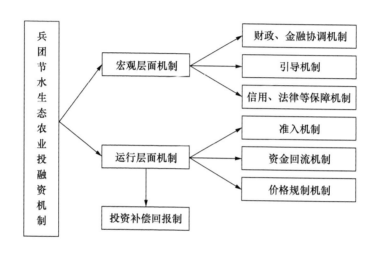

图7-1 兵团节水生态农业投融资机制

总体思路是，建立兵团节水生态农业公共财政，不断创新农村金融体系。廓清各投融资主体的投融资范围，形成各投融资主体间相互衔接、相互补充的关系，形成并完善"以财政资金为导向，以信贷资金为支柱，以团场连队职工和集体资金为基础，以利用外资和横向吸收资金为补充，以劳动积累为资金投入"的多层次、多渠道、多方位的网络化的投融资格局，建立起主辅协调、结构完整的资金供给运用体系，形成总体高效的多渠道投融资机制。

（二）兵团节水生态农业财政资金引导机制

对于兵团而言，要成立专门的负责机构来统一协调和管理节水生态农业发展的投融资相关管理。兵团除了要积极落实中央相关的财政支持之外，更要强化自身在节水生态农业投融资方面的引导机制建设，如图7-2所示。

这里的引导机制，主要是发挥财政资金显著的乘数效应，引导其他类型的投资，以引起农村国民收入的多倍扩张，除了在预算内增加投入外，还要注意发挥财政资金的资金导向作用，积极引导团场连队集体资金、连队职工自有资金以及

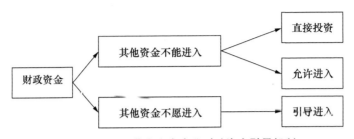

图 7 - 2　兵团节水生态农业财政资金引导机制

银行贷款和外资支持兵团节水生态农业发展，开辟广泛的筹资渠道，使财政资金起到"四两拨千斤"的主导作用。实现金融与财政、市场性与行政性、宏观与微观、间接管理与直接管理、有偿与无偿的巧妙结合。

（三）兵团节水生态农业投融资机制下的"引导—虹吸—扩张"效应链

引导—虹吸—扩张机制是指财政或者政策性金融通过其活动引导其他金融机构（主要是商业性金融机构）和社会资金以更大的规模进行投资，从而达到一种扩张初始投资的整体效果，促使特定经济社会发展战略目标的实现，如图7 - 3所示。财政或者政策性金融机构按照国家的产业政策以及经济社会发展目标，对兵团节水生态农业发展进行投资，以此表明兵团下一阶段的投资重点或发展目标，从而引导商业性金融机构和社会资金的投资方向。如果财政或者政策性金融机构具有足够高的资信度或者具有足够强大的资金实力或者二者兼而有之，就会使商业性金融机构及其投资者认同政策性金融机构的业务活动所要表达的国家及兵团新时期的战略目标和政策意图，从而调整其投资预期，建立投资信心。如果商业性金融及其投资者具有完善的内部机制，那么，在追求利润最大化的利益激励机制的作用下，大量资源就会源源不断地被吸引到兵团节水生态农业领域。随着前景的日益明朗，商业性融资和社会资金将最终超过财政或者政策性金融机构投资所占的份额，成为投资主体，到此也就完成了虹吸过程。之后，兵团节水生态农业发展中所得到的金融资源将大大超过初始阶段财政或者政策性金融机构所投入的金融资源。在这一过程中，通过一定数量的政策性金融资源投入的引导带来了数倍甚至数十倍于这个数量的商业性金融资源的投入，有力地推动了兵团节水生态农业的发展。

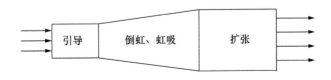

图 7 - 3　兵团节水生态农业投融资机制引导—虹吸—扩张效应链

该机制能否顺畅地发挥作用需要诸多的条件。从引导过程来看，首先必须有正确的引导方向，而这既需要科学决策，也需要财政或者政策性金融机构自身具有科学的决策机制；其次需要财政或者政策性金融机构具有足够高的资信度或足够强大的资金实力或二者兼而有之，以此触动商业性金融机构和社会资金发挥引导作用。从虹吸过程来看，要真正达到虹吸的效果，首先是商业性金融机构等必须具有理性的运行机制，才能对政策性金融的引导做出可以预见的反应；其次是商业性金融机构的资金实力，资金实力越大，虹吸效果就越明显。从扩张过程来看，扩张过程主要体现了整体效果，而整体上的作用效果不仅与相关的法律制度环境有关，而且与一定的社会文化风俗有关。

（四）兵团节水生态农业投融资机制下的资金整合机制

财政支农资金投入渠道多，资金分散。从中央政府来说，发改委、科技部、财政部等农口各部门之间和各部门内部机构之间分配管理的财政支农资金没有形成一个有效的协调机制，各自为政，资金投入分散，地方政府更乱，资金很难形成合力。因此，从兵团本身出发，由于兵团是党政军企合一，具有很大的体制优势，在节水生态农业投融资的资金上更有着很大的整合条件。这样有利于逐步规范兵团节水生态农业资金投向、合理配置公共财政资源，有利于促进兵团政府职能转变、明确资金使用管理中的权责利关系，有利于集中力量办大事、提高资金合力和整体效益。具体整合资金机制如图 7 - 4 所示。

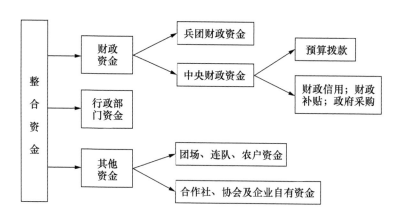

图 7 - 4　兵团节水生态农业投融资机制下的资金整合机制

在兵团方面要积极推动节水生态农业资金整合：一是坚持以团场为主推进节水生态农业相关资金整合。目前各种渠道的节水生态农业相关资金最终都投入到团场一级，最具整合的条件，在坚持以团场为主的同时，各师还应当积极探索多级次的整合节水生态农业相关资金有效途径。二是根据财政、金融支农的目标和重点，适当归并设置节水生态农业相关资金，可归并为改善农业基本生产条件类资金、结构调整类资金、水利管理服务类资金、生态环境建设类资金和抗灾救灾类资金等，突出财政支持节水生态农业资金的公共性。三是可将节水农业基础设施建设作为一个整合载体，把农业基建投资、农业综合开发、水利建设基金、农村小型公益设施等方面的资金，按照统一的规划投入到重点区域，统筹安排使用，通过打造"项目"或"产业"平台实现资金整合。四是兵团可以设立节水生态农业专项资金，列入财政预算，在政策允许的范围内对来自不同部门的财政涉节水生态农业资金实行统筹安排，对涉节水生态农业资金集约投放、捆绑使用。

第三节 兵团节水生态农业多元化投融资渠道

一、积极争取和用好中央财政资金对兵团的支持

农业作为一个国家的基础产业和弱势产业，理应得到国家的扶持与保护，综观世界发达国家的农业发展进程，无一不依靠政府的大力支持。兵团团场经济作为以农业为主的经济体，自然也应得到中央财政资金的支持。节水生态农业具有良好的社会、经济、生态效益，对于兵团农业的可持续发展有着重要的意义。因此，兵团要积极推进农业现代化改革，不断挖掘节水生态农业的深层次发展潜力和推广力度。在国家政策和长远战略规划中积极主动，抓好新疆工作座谈会以来的政策机遇，以及国家西向开放和新丝绸之路经济带下带动节水生态农业专项资金的支持力度。

二、深化投融资体制改革，构建适合兵团特点的投融资市场

兵团自身也要不断深化投融资体制改革。进一步减少和调整投资审批事项，最大限度地下放审批权限，同步下放前置要件审批权限，建立纵横协管联动机制，充分发挥市场有效调节投资活动的体制机制。根据国家修订的《政府核准的投资项目目录（2013年本）》，及时调整和下放项目核准权限，扩大企业投资自主决策权。启动网上审批（核准）、备案系统，提高项目管理的科学化、信息化水平。建立中央投资计划与利用外资、银行贷款、援疆资金、资本市场融资等多元融资和重大项目开（复）工、工程实施进度挂钩的联动机制。

三、启动促进民间投资行动计划，积极稳妥地发展团场民间金融

当前，兵团民间投资已经占到全社会固定资产投资的50%左右，在拉动投

资增长、加快"三化"建设、创造就业岗位、促进职工多元增收、调整和优化结构、增强经济活力等方面的作用不可替代。为进一步释放民间投资潜力，充分发挥民间投资对投资增长的拉动作用，启动实施促进民间投资行动计划，制定出台《兵团关于鼓励和引导民间投资健康发展的实施意见》，各相关部门、各师（市）出台促进民间投资实施细则。要打破制约民间投资的"玻璃门"、"弹簧门"，鼓励和引导民间资本进入能源、电力、市政公用事业及社会事业、金融服务、商贸流通领域，参与国有企业改制重组。利用亚欧博览会、西洽会等招商引资平台，加大招商引资力度，扩大招商引资规模和范围，同时加强部门间沟通协作，改进招商引资工作，形成工作合力，提高招商引资项目履约率、落地率。

（1）开辟直接融资渠道，加强对民间资金投向的引导。可以考虑建立基础设施建设基金，吸引民间资金投向基础设施领域，支持一批符合条件的股份制企业发行债券，直接向社会融资，提高企业直接融资比重；根据国家产业政策，设立产业投资基金，吸纳民间资金，支持相关产业的发展；在经济状况较好的师局或较大的中心团场成立民营投资公司，吸收民间资金。

（2）研究并制定团场民间融资基金的市场准入标准和监管、退出制度。特别是市场准入标准应该包括公司治理结构、最低资本额、经理人的执业资格和业务能力、内部自律监管制度和风险管理措施、业务范围等方面的规定。只要符合法律规定的标准，就可以向监管部门提出组建民营金融机构的申请。在设计民间融资市场准入制度时，首先需要考虑的一个问题是进入市场的"门槛"应该定多高。对于金融业来讲绝对垄断的市场结构不可取，但绝对自由竞争的市场结构同样不可取。民间融资规模小，资本实力弱，客户经营稳定性较差，更容易产生风险。

四、改变现有的团场产权制度，实现团场资产资本化经营

团场资产的资本化形式可以采取：将团场所拥有的各种农业生产资料通过出租、抵押、合作或者入股等方式来经营。这样就可以将团场所拥有的各种农业生产资料灵活有效运用，给团场的职工带来真正的利益。要建立团场资产资本化的经营机制，改变现有的团场产权制度是关键。

土地作为农业的命脉，是兵团各农牧团场所拥有的最重要的农业生产资源，各国的农业在发展过程中无一不把土地制度以及土地资源的有效利用作为改革的重点。目前兵团各国营团场所拥有的土地，是第一代兵团人开荒屯田开发出来的，其所有权归国家所有，兵团职工只有承包权、经营权，没有出租、抵押、入股等与所有权有关的经营方式，且承包经营的期限有限，广大的团场职工没有把土地当作自己的财产来经营，严重影响了职工对土地投入的积极性，造成土地资

源利用的短期行为，同时也造成职工缺乏符合银行或其他金融机构规定可供抵押的合格资产。扩大兵团职工对土地的承包权、经营权，延长和固定承包经营期限，并赋予承包土地的职工对所承包的土地拥有出租、抵押、入股等权利。这样就可将团场资产转为资本，使所有权与经营权相分离，以提高资源的利用效率，让兵团职工真正成为土地的主人。职工除了用土地来进行直接生产经营获取土地的产出收益外，还能够利用承包土地的物权性质将土地以出租、抵押、合作、入股等方式进行资本化经营，提高职工收入。

五、完善引进外资的措施，加大引进外资的力度

（一）完善公共基础设施，创造良好的投资环境，提高团场外资的规模和水平

投资环境特别是基础设施无论哪方面都达不到要求，都有可能影响该地区吸引外资的能力。

（1）加强对生态环境的保护，为吸引更多的外资准备好首要的物质条件。

（2）继续大力加强兵团水利电力、交通、通信等基础设施的建设，使兵团在信息技术和相关配套设施上与东部发达地区看齐。

（3）以多种途径解决基础设施融资问题，除了前述各种融资渠道外，也可以引导外商直接投资于基础设施建设。目前，国家把外国政府贷款、国际金融组织的优惠贷款向西部地区倾斜，这对外资更好地了解兵团，对兵团引进外商直接投资提供了好时机。

（4）进一步开放兵团各团场市场，积极引导非公有制经济的发展。同时加快市场经济体制改革，制定和完善相应的规章制度，建立兵团内部良好的社会经济秩序。

（5）团场对外资要有服务意识，要扮演好外商与当地政府的"中间人"角色，积极协调外商与当地政府各部门的关系。

（二）注重团场的人才培养，加强人力资本的开发和引进

（1）兵团要对各师、各团场的教育事业与教育结构做出安排，增加团场的基础教育与职业教育的投入，加强团场的人才培训，培养外商投资所需的技术型人才。

（2）采取必要的措施，在稳住现有科技力量不使其流失的同时，充分发挥其积极性和创造性。

（3）通过体制引导人才自由流动，制定引进人才的政策，改善高层次人才的工作和生活条件，提高团场人力资本存量。

（4）推进团场城镇化进程，提高团场城镇化水平，形成较为集中的市场规

模和较大的市场需求，为外资进入团场的第三产业创造条件。

（三）以团场现有工业为基础，利用外资推动团场节水生态农业的进一步发展

发展团场工业是新型团场建设的重要组成部分。目前团场工业大多是根据本团农业生产的特点，对农产品进行初加工。团场工业领域引进外资，应以团场现有工业为基础，通过引进外资，使团场工业进一步升级，以推动兵团农业产业化、节水生态农业的发展。

第八章　节水生态农业利益补偿与产权激励制度

新疆兵团节水生态农业的示范验证了现代农业发展的模式。节水生态农业是一个高产、优质、高效、低耗的农业生产经营体系，它很好地把农业生产的经济效益和生态效益、近期效益和长远效益、局部效益和整体效益统一起来。因此，构建节水生态农业利益补偿与产权激励制度与节水生态农业的实施和可持续发展密切相关。

第一节　节水生态农业利益补偿机制的建立

一、节水生态农业中的利益的划分

节水生态农业的利益，是指节水生态农业发展过程满足人类生存的生活、生产需要而提供的各种效用或好处，既包括货币利益，也包括非货币性的利益。货币利益通常是指能够用货币计量的并能通过市场交换实现其价值的利益。非货币利益则是那些不能用货币计量，不能通过市场确认价值的，但又对人们生产生活具有重要作用的利益，如良好的生态环境给人们带来的各种利益。节水生态农业所体现的经济效益、生态效益、环境效益、社会效益及景观效益的统一构成了节水生态农业利益的整体体现。可见，节水生态农业生产体系向人类提供了三类物品，即经济物品、社会物品和生态产品。经济物品能够通过市场交换，实现消耗在这种物品中的那部分劳动价值。而生态产品基本上是免费提供给社会成员的。消耗在其中的劳动价值就难以通过市场交换得到补偿。社会产品主要表现为人类素质的提升、健康的身体、伦理道德、法制观念等无形的精神物品和与经济活动有关的有形的物品，如由于生产结构与生产规模的扩大的变化引起的各类服务、社会公益、社会公共设施的增加等。

从农业经营者角度我们还可以把节水生态农业利益划分为内部效益与外部效益两类。内部效益是直接由农业经营者得到的效益，如产品销售后的货币收入，生态条件改善后的利益——土壤肥力提高，生存环境变好等，生产者均可获得直接的效用。外部效益是由农业生产者提供，而其他社会成员无须付费就能享用的利益。如整个生态系统变好了，空气清新，景色优美，水质改善等。

根据与生产经营者的密切程度不同，还可以把可持续农业的利益分为以下层次：

（1）产品利益。通过市场交换，消费者获得使用价值，生产者获得市场承认的价值。

（2）土地地力提高的利益。在土地产权界定的情况下归土地产权所有者所有，并直接表现为下一生产周期成本费用的节省和产品产量的增加。

（3）区域性农业生态系统改善的利益。归该地区内全体社会成员享有。可能是免费的，也可能是付费的。

（4）整个生态系统改善的利益。既为当代人享有，也为后代人创造了美好的生活环境，这个层次上的利益完全是由农业生产者无偿提供的。

（5）整个农村的社会经济可持续发展战略的实现。农业可持续发展是农村社会经济可持续发展的基础，可持续农业最终的利益体现在整个农村的可持续发展中。

综上所述，节水生态农业的"利益"是一个内涵十分丰富的概念。长期以来，由于生态产品是按其自然生态规律自发地生产出来的，就是人们常说的"大自然的恩赐"，人类经济活动和自身生活消耗环境质量的生态需求，都是免费获得满足的。现在，这种无偿使用环境的观念已经不适应，改善农业生态条件不仅是自然界的事情，而且还要或多或少地投入一定量的人类劳动才能再生产出符合人类生存和发展所需的生态环境。把外部利益内部化、生态效益货币化是建立可持续农业利益机制理论的出发点。

二、节水生态农业的利益与农户经营行为的关联度分析

农户是农业生产经营中最基本的微观经济活动组织者，他们是农业资源的占有者和使用者，其经营行为对农业可持续发展起着决定性作用。农户的经营行为对农业资源的利用方式和利用结构直接关系到它们利用的可持续性，如果农户的经营行为趋向理性化，则可实现对农业资源的利用方式和利用结构的合理化，促进农业的可持续发展；反之则反是。农户采取何种经营行为完全取决于从节水生态农业所能获得的利益是否大于传统农业经营模式所获得的利益。

（一）分析的前提条件

（1）经济产出与生态产出相关性。首先是经济产出与生态产出矛盾的一面，二者之间呈现负相关关系。由于人类在一定时期内的知识水平和技术条件有限，

人类行为可能不够恰当。人们在获取物质利益的同时，作为生存空间和劳动对象的自然生态环境会朝着不利于人们经济活动的方向发展（其现象称为自然界的正反馈效应）。其次是生态效益与经济效益统一的一面，二者呈现出正相关关系。人们利用自然，改造自然，生态环境质量不断提高，使之更适合人类生存，从而促进经济效益提高（其效应可称为自然界的负反馈效应）。如修整梯田、种草植树以防止水土流失等。

（2）农民是具有理性的经济人。农民在经济生产活动中是追求自身利益最大化的。农户作为一个"经济人"在利益最大化不能预期的前提下，追求收入稳定性与风险最小化。追求其收入的最大化，必然将其所拥有的生产要素中的一部分投入到非农产业。经营目标的求稳性，影响了农业资源的合理配置和利用。在利益机制的驱动下及小农意识的存在，加之农户所获取的有关信息往往不全、不准、不及时，农户虽有根据边际收益大于边际成本的原则安排生产的愿望，但往往事与愿违，所以在经营目标的选择上倾向于收入少但风险小的目标上，在生产经营上力求稳，不愿对土地进行长期投入。

（3）资源的稀缺性和社会财富的有限性。水资源是稀缺的，客观上要求资源的合理配置和有效利用。而社会财富又是有限的，即在既定的生产力水平、资源禀赋和人口规模下，社会财富相对于人们需要的不断满足来讲总是有限的。因此，不仅要求财富归属关系明晰，而且要求财富分配相对公平，社会资源稀缺性和财富有限性与人的自利性和机会主义行为取向性的对照关系，以及生命的有限性和人类行为的其他劣根性（如贪婪、喜新厌旧等）的综合分析，就决定了人类社会的物质利益矛盾与冲突是永恒的也是现实的主题。由于环境的不确定性、信息的不完全性以及人的认知能力有限性的存在，因而农民只具有有限的理性。但是，由于政策路径的依赖性、信息社会的开放性和人的趋利避害的本性的存在，在逐利活动中具有一定的机会主义行为倾向。

（二）节水生态农业利益与农民的经营行为的关联度

（1）农民不会生产与自身利益无关的生态物品。生态农业生产体系提供的产品单位生产成本较高，品质优于普通农产品，但不易辨别，造成生产者与消费者之间质量信息不对称。人们通常认为农产品市场接近于完全竞争市场，将无公害农产品参与的市场变成完全竞争市场是不合适的。这种市场上农产品供给者（农户）知道自己产品的质量信息，而购买者不知道。按信息经济学理论，在没有质量信息甄别机制条件下，生态农产品会被普通农产品挤出市场。国家购销大宗农产品（如粮棉油等）也只以含杂率、含水率、出糙率、出油率等少数指标为质量标准，很少反映生态生产的内容。总之，我国农产品市场对于生态农产品的质量标准、检查与惩罚、销售网点和质量认证等方面的规则和政策都是不完善的，这不利于节水生态农产品的市场竞争。

（2）机会主义行为倾向使得农民不会主动保护环境。这是指人们具有一些借助于不正当手段谋取自身利益的行为倾向。机会主义行为假设实际上是对追求自身利益最大化假设的补充。它表明人们追求自身利益的动机是强烈的，同时行为是复杂的，既可以采取正当的和合法的手段，也可以采取不正当的手段。例如，农民在生产过程中，尽可能缩小个人成本，无形中加大了社会成本。

（3）产权的缺损导致农民利益的损失。从产权经济学的观点来看，人们之间相互交换资源的过程其实是人们对于不同权利的交换过程，也即产权的交换过程。正是产权的存在，决定了交换过程产生的收入的归属。在我国，农民所获得的一些产权是残缺的。导致利用这些经济资源的私人收益小于社会收益，即某个第三者不经他们同意获得了某些收益。一方面影响了农民的收入提高，另一方面影响了资源的有效利用。如农民投入在土地上有机肥的增加，一部分转入农产品中去，利益得到补偿。而另一部分则积累在土壤中，增加了自然资源固定资产的价值，而这一部分农民却得不到补偿。水资源节约行为也得不到补偿，"要么使用，要么失去"的原则无形中剥夺了农民节水的动力。

（4）农户的兼业行为引起农业经营低下。由于农业生产行为的增收效应缺乏弹性，而兼业行为的增收效益有弹性，所以绝大多数农户偏好兼业行为，并形成了对农业的替代。不过农户用兼业行为替代农业行为在社会总体上并没有形成完全替代，对大部分农户而言，即使农业行为的增收效益缺乏弹性，农户还得依靠土地吃饭，只是农户在农业活动中要么尽可能少地占用自己所拥有的经济资源，例如不愿对承包土地进行投资，要么尽可能地使用不适合兼业活动的经济资源，如在农业活动中雇用妇女和老人。这必然导致农业生产经营水平低下，农业资源得不到充分利用与优化配置。而且我国农业科技及其推广应用没有相应跟上，则必然导致土地生产率下降。

（5）农户经营行为的短期化现象严重。在解决温饱和致富欲望的驱动下，许多农户只重视眼前利益，忽视长期利益，对自然资源和生物资源只取不予或取多予少的掠夺式经营行为普遍存在。如有些山区的农户，为求温饱，陡坡垦种，使水土流失严重。在平原地区，有些农户在承包圈（地）挖塘养鱼，建房从事第二、第三产业，有的劳动力转移，撂荒土地，造成耕地资源的总量减少。农户在发展农业生产的实际措施运用上，为追求高产，偏重于考虑"经济再生产"，忽视"自然再生产"，即认为自然资源无价值或生物资源用之不竭，对其承包地重用轻养，滥施农药、化肥，使土壤板结，地力下降。

（6）土地产权不完善性，导致农户投资行为乏力。由于土地使用上，承包地的所有权归集体所有，导致土地承包"三年一小变，五年一大变"的现象普遍存在，农户不能对土地形成预期，加上农业生产的比较效益低下，农业生产的自然风险和市场风险都较大，而且农业的投入产出周期长，见效慢，农户对农业投入较少，尤其是对固定资产投资少，其投入主要集中在短期能见效的生产要素上，如农药、化肥等。

（7）"土地分割，分散经营"的模式，制约了农业科技的应用与推广。农户承包的土地承载了两项功能：一是从土地中获得收入的经济发展功能；二是土地还承担着降低风险的社会保障功能。即使农民由于兼业，获得一定收入，不在乎土地的经济功能，但也不会放弃其社会保障功能。因此农业经营所具有超小规模的特点很难在短期内改观，给农业科技的推广与应用带来了一定的难度。由于农业科技具有公共物品、保密性差及与资源和环境保护紧密相关的特点，农业科技的"公共物品"的特征必然会出现在其他农户对某项技术的采用上"搭便车"的现象；农业生产由于是大田生产，生产者又是由千家万户的农户组成，这种生产方式使农业科技成果的保密成本加大；当一种技术同资源与环境保护紧密相关时，就存在外部效应，如病虫防治技术、水土保持、渔业和林业资源保护等。

因此，不同的经营行为产生不同的效果，而农业发展与人类对农业资源的利用密切相关，农户经营行为对农业能否持续发展有着较大影响。可持续农业是短期行为的对立面，换言之，农业和农村发展中的一切短期行为是可持续农业的死敌。市场经济并非万能，在强调发展市场经济的同时，必须清醒地看到市场经济不能解决在公正性、发展平衡性、短期行为以及所谓"市场失效"等方面的问题。必须要通过政府部门制定相应的利益机制，规范农民的经营行为。

三、节水生态农业利益驱动机制的构造

现阶段，农户是发展节水生态农业的主体。从旧的农业生产体系转变为节水生态农业生产体系是一个技术变迁过程，其资源配置方式将发生深刻的变化。在这一过程中，农户要承担很大的风险，将面临许多陌生的生产技术知识，也将面临技术失败和市场变化的风险，农户承受双重压力：一方面，生产成本将发生变化，即单位产品成本将增加；另一方面，所创造的价值又无法实现。

合理的利益驱动机制，实质上就是要让农业生产者从农业经营中能够获得稳定的收入，保证农民在逐步提高收入的前提下，增强积累和对农业再投入的能力。充分保护农民的切身利益是调动农业生产者投身于节水生态农业生产活动的关键。一方面是经济利益的增加；另一方面是提供良好的生态环境的补偿。

从现实经济活动看，人们耗费一定劳动（包括活劳动和物化劳动）既会产出对人类有用的经济成果，也会对生态环境产生影响。这种经济产出和生态产出并存的现象是任何一种经济活动都无法避免的。能完全通过市场交换获得补偿，

所谓的绿色利润大部分被社会成员免费分享。要让农户自觉地加入这个技术变迁过程。必须建立可行的利益机制并在制度上加以创新。

（一）从微观层次上构造农户与农户之间的利益协调机制

从微观层次看，其利益机制应能使农户在技术变迁过程中获得比在从前的生产技术体系下更多的经济效益。外部利益和外部成本有公共性，农户之间互相摊入成本，互相享受利益，从而在一定范围内形成利益共同体，形成一种相互的利益制约机制。如采用生态农业技术体系的农户向别的农户提供了外部利益，比其他农户多承担了私人成本费用，这时，就应在社区组织协调下，由未采用生态农业技术体系的农户给予前者一定的补偿。也可理解为，采用非生态农业技术体系的农户因产生社会成本，按公平原则应由这个农户支付一笔费用。一般而言，农户从事非生态农业生产虽然节省了个人成本，却扩大了社会成本；而生态农业生产虽然减少了社会成本，却会加大个人成本。农户选择生产技术体系的原则是：在社会成本分摊制度一定的情况下，哪种技术的个人成本水平低就选择哪种。因此，微观的利益机制应具有将个人成本与社会成本协调起来的功能。

（二）从宏观层次上构造农业与非农产业之间的利益补偿机制

从宏观层次看，农户总是在一定制度框架下选择其经济行为。通过财政信贷、税收政策、监督检查、立法执法等制度，将可持续农业生产中创造的非货币收益——生态性物品尽量地补偿给农业生产者。当然，也要运用市场机制，充分补偿农业生产者提供的经济性物品的价值。可以迫使他们从旧的农业生产体系转变为可持续农业生产体系。

节水生态农业利益较多地表现为生态性产品，其产品的使用价值被其他产业免费地享受着。因而，其他产业部门理应对这部分价值给予补偿。况且其他部门的生产活动也会对农业生态环境造成不利影响（即社会成本），增大农业生产的私人成本，这也要求通过某种制度安排实现产业部门间的利益调整。

另外，经济、技术、社会政治环境极大地制约着节水生态农业活动的可行性和合理性。农民必然要估计用于农业活动的多种投入费用，估算以这些投入再加上市场和运输等费用所能获得的产量，能否取得足以补偿其劳动、管理和其他投资的报酬的问题。若不能获得充分的收益以补偿生产成本，任何经营者都不会有从事农业活动的热情，也就谈不上持续农业。科学技术的发展对经济可行性有重大影响，可使原来无利可图的某些活动变得有利可图。投入费用、市场价格、消费者需求、替代供给、公共政策等方面的变化，对于决定生产是否具有经济合理性也有类似作用。

综上所述，节水生态农业的微观利益机制应是一种利益引诱与成本约束的有机结合体，而宏观机制应由一系列经济政策、行政手段和法律制度所组成，并对农户形成一种压力。在这些制度安排下，农户通过成本效益分析，使其在旧的农业生产体系下无利可图，而在可持续农业生产体系下可以获得充分的利益补偿。这时，其必定放弃旧体系，选择新体系即节水生态农业生产体系。

四、节水生态农业利益补偿机制的构建

（一）节水生态农业利益补偿机制的主体

节水生态农业微观主体——职工的节水行为，是一家一户的微观节水主体，利用经济杠杆激励职工节水行为，建立适合农户农业节水的激励机制。

节水生态农业宏观主体——地方政府行为。地方政府承担着发展地方经济与保护生态环境的责任，探索建立绿色国民经济核算体系，改革现行的经济核算体系，建立一套绿色经济核算制度，建立地方官员绿色政绩考核制度，科学协调区域水资源，配置水资源，达到经济发展与生态恢复的平衡。

（二）建立节水生态农业利益补偿机制的政策手段

根据国内外经验和我国退耕还林生态补偿政策结构状况，有两大类政策手段可以用于实现农业节水生态补偿目的。公共财政政策类包括：纵向财政转移支付政策；生态建设和保护投资政策；地方同级政府的财政转移支付；税费和专项资金；税收优惠、扶贫和发展援助政策；经济合作政策。市场手段类包括：一对一的市场交易；可配额的市场交易；生态标志等。

（三）节水生态农业利益补偿机制的内容

新疆地区的经济相对落后，靠自身能力进行生态建设的可能性不大。可行的生态补偿政策应以中央政府和社会补偿为主，自身补偿作为补充是切合实际的。新疆地区农业节水生态补偿的对象可以划分为对水资源保护做出贡献的组织机构给予补偿、对在农业生产中节水的农民给予补偿、对在区域农业结构调整中减少高耗水作物改种低耗水作物的损失者给予补偿等。给经济利益受影响者以适当的补偿是符合一般的经济原则和伦理原则的。

新疆节水生态农业补偿的方式应以资金补偿、知识补偿为主，因为只有在农民的生活得到保障的前提下，才会有节水的积极性；西北地区农业节水需要一批掌握节水技术和懂田间管理的劳动者，在农业结构调整中需要农民对生态农业、特色农业、节水农业的了解和掌握。这种补偿是帮助农民"自我造血"式的补偿，培训农民使农业节水的成果得到巩固。

第二节　节水生态农业水资源产权激励制度的构建

节水生态农业产权激励的构建，需要建立以农民为主体的农业节水激励机

制，推广农业节水技术、激励农民节水的积极性。

一、农业水资源优化配置机制

在现有的制度、技术条件下，水资源最佳合理配置的要求是如何将有限的水资源分配到能最大限度地满足社会需要的产品和服务的用途上去，达到公平、效率二者均衡。水资源配置方式变动及其选择的基本依据是水资源配置费用。科斯认为，资源配置费用＝生产费用＋交易费用＋外部性。主流经济学把资源配置形式所需的代价看作生产费用，强调资源配置方式及经济制度的选择必须考虑交易费用。资源配置费用实质上是一个整体性范畴。资源配置机制的选择即生产费用、交易费用和外部性的比较，正是资源配置费用决定了资源配置机制的不同选择。

（一）水资源配置的特性

（1）灌区水资源的公共产品特性。从开发利用水资源角度来看，水资源的短期开发利用主要依赖于水利设施，大型水利设施往往投资大，周期长，具有公共物品的特点，使得水供给具有自然垄断特性；而中小型及田间的水利设施的投资往往又是集体与个人行为，又使其具有私人物品的特征，因此，水利设施提供的服务具有混合经济特性，既有私人物品特性，又有公共产品特性。作为公共物品，公共的范围是有限的。它有两个特性：第一，排他性。公共产品仅仅由其全体成员——它是由具有某种资格，并遵守内部规则的单个成员组成。共同消费，因而排他是可能的。第二，非对抗性。单个成员对公共产品的消费不会影响或减少其他会员对同一物品的消费。

（2）灌区水资源成本的不完全可分割性。水资源管理普遍存在某些不可分割性：如果一个农户试图使自己在水资源利用中实现利润最大化，他只能通过一种理性的选择来实现。假设水资源利用中只有两个农户，分别为农户1和农户2。他们在水资源管理中有给定的成本函数 $C_1(q_1, q_2)$、$C_2(q_1, q_2)$，q_1 和 q_2 是农户1和农户2提供的劳动力和维护投入；如果成本函数是可分离的，则个人的利润最大化就为边际收益等于边际成本的点，边际成本只包括农户个人的劳动努力和维护投入，这种情况只出现在没有交互影响的例子中，就像如下函数一样。

$$C_1(q_1, q_2) = A_1 q_1^n + B_1 q_2^m$$
$$C_2(q_1, q_2) = A_2 q_2^r + B_2 q_1^s$$

其中，A、B、r、s 为参数，此时的利润最大化只发生在边际收益等于边际成本的点，其一阶条件为：

农户1　$\partial C_1 / \partial q_1 = n A_1 q_1^{n-1}$

农户2　$\partial C_2 / \partial q_2 = r A_2 q_2^{r-1}$

在此微分式中只有 q_1、q_2 出现。但是如果交互影响对积分有影响，成本函数采用以下不可分离的形式。例如：

$$C_1(q_1, q_2) = A_1 q_1^n + B_1 q_1^l q_2^m$$

$$C_2(q_1, q_2) = A_2 q_2^r + B_2 q_2^t q_1^s$$

此时的最大化行为会采取以下形式：

农户 1　　$\partial C_1 / \partial q_1 = n A_1 q_1^{n-1} + B_1 l q_1^{l-1} q_2^m$

农户 2　　$\partial C_2 / \partial q_2 = r A_2 q_2^r + t B_2 q_2^{t-1} q_1^s$

这里的一阶条件不仅包括农户自己的行为，也包括其他农户的行为。因此，每个农户在确定最优投入水平时，不仅依据自己的行为决定最优行为水平，还必须考虑其他人的行为。即每个人的最优化水平建立在对其他人的预期之上。

（3）水资源利用的外部性。水资源利用过程中存在的外部效果有外部经济性和外部不经济性两种。外部经济性是指农业水资源配置对他人和社会也产生了正面效应，如用多余的水植树、种草等所产生的生态效益。外部不经济性是指水资源的配置过程对他人和社会产生了负面效应，带来了成本。例如，灌溉水使用者，最多支付了他们的生产成本，而水资源不当利用引起的诸如土地次生盐碱化等土地退化的成本，这些成本却不得不由政府和其他人来承担，鼓励了使用者的不合理行为。水资源开发者和基本水利建设项目承担者，在开发建设的同时，会造成环境的破坏，但他们从未补偿过这些损失。众所周知，灌区农户水资源利用行为存在相互性：在地表水资源利用过程中，上游水资源使用者会给下游水资源使用者造成单向外部性。而对于地下水资源的开采，使用者之间存在相互外部性。外部性的存在造成了水资源利用过程中的成本不可分性和公共产品特性。

（二）现行农业水资源配置机制及存在的主要问题

在水资源的配置中，政府既是水资源的提供者及分配者、负的外部效应的消除者，又是市场秩序的维护者和宏观经济的调控者。政府既要保证水资源配置的公平性，又要考虑市场经济运行条件下，发挥市场调节的效率性。如何协调公平与效率的矛盾是政府部门最为棘手的关键问题。两者的矛盾不可避免地造成现实的政策失效。

（1）公共政策失效。政府对水资源的管理手段是制定和实施公共政策，以政策、法规及行政手段来配置水资源。然而由于公共决策本身的复杂性和困难以及公共决策体制和方式的缺陷，信息的不完备、公共决策议程的偏差等对合理决策的制约，以及公共机构尤其是政府部门及其官员追求自身的组织目标或地方利益而非公共利益或社会福利，往往造成公共政策失效。

（2）公共物品供给的低效率。导致公共机构提供公共物品低效率的原因：一是公共机构的官僚主义以优先权决定替代了市场优先，挫伤了次级使用者为补充水的使用而投资的动机，使边际净收益相等的可能性降低。二是它以一种无效率的、均等的方式分摊水的稀缺风险。三是公共机构尤其是政府部门垄断了水资源的供给，缺乏竞争机制。四是监督机制的缺陷。公共机构提供公共物品所追求的是社会效益，而非经济效益，社会效益的衡量缺乏准确的标准和可靠的估算方法及技术。同时要合理确定社会对水资源要求的数量、质量，以及提供公共物品的政府机构的规模以及对这些机构绩效的评价是困难的，甚至是不可能的。因此，对政府官员行为的经济效率的监督缺乏依据，而面临立法者、公民的政治监督又是无力的，尤其是监督信息的不对称、不完备，使得对政府的监督徒有虚名。甚至监督者完全可能收买被监督者，可能主动实施某些有利于自身利益而损害公共利益的公共政策行为。

（3）限制使用权的转让是水资源配置无效率的主要根源。现行水资源配置体制是限制水的使用权转让的，它阻止水向具有更高价值的方向流动。为达到水的有效配置，必须使所有水的使用（包括非消耗性内流使用）的边际净收益相等。而可转让性的降低反过来又降低了使边际净收益相等的市场压力。有了一个结构良好的水的财产权系统，有效率就成为转让权的直接结果。在当前配置中，那些边际净收益比较低的使用者会把他们的权利转让给那些净收益更高的使用者，而双方境况都能改善。出售方获得的报酬将超过他的净收益损失，同时购买方的支付要低于其获得的水所带来的价值。水资源短缺一旦发生时，允许那些受损最大的使用者向受损较小的使用者购买更大的份额，可使这种干旱风险带来的破坏最小化。当处于严峻的需求情况时，优先使用原则没有充分考虑到临时短缺而导致的边际损失，而构造良好的产权体系却能够自动地做到这一点。由于能源成本低廉及政府的补贴，农业用水的边际净收益低于甚至相当地低于其用于市政及工业上的边际净收益。从农业灌溉转让到这些用途当中将能增加净收益，但是在现阶段为了保障国家粮食生产的稳定性及安全性，部分禁止这些转让也很具现实意义。

（4）由政府包办的水利设施是低效率甚至无效率的一个根源。对于当地来说，这项设施无疑是一种恩惠，因为整个成本的大部分都通过税收落在了全国纳税人身上。地方上的政治压力能使工程建设获得批准，而不管其内在效率如何。许多地方为了争取国家的水利建设投资，盲目上马，而地方投资不到位，灌区设施不配套，导致水利设施闲置浪费，无法利用。

（5）水的定价偏低，同样也没有提高其使用效率。大体上水的价格水平偏低且水权费率未充分反映向不同类型消费者提供服务的成本。公共供水公司收取价格如此低廉，部分原因可能是水被认为是一种必需品。其价格的缺陷表现在：一是由历史平均成本决定其费用；二是没有包括边际稀缺性租金。有效率定价要求使用边际成本而不是平均成本。为充分保持使用中的节约，消费者必须支付供给最后一单位水所带来的边际成本。然而，典型的情况是，这些受管制的供应机构仅允许收取能弥补其成本的价格，而平均成本低于边际成本且历史成本比当前与未来成本低，这样价格就被低估了。

二、农业水资源产权制度分析

农业节水激励机制缺失是农田灌溉用水效率低的主因。从技术层面上看，我国农田灌溉水有效利用率低的原因主要是：一是输水和配水损失大。目前我国已进行防渗衬砌的渠道仅占渠道总长的 18%，大多数仍是土质渠道，灌溉水在从水源通过各级渠道到田间进水口的输、配水过程中，一般约有 50% 的水量蒸发、渗漏损失掉了。二是田间用水损失大。目前，我国农田灌溉大多仍采用落后的灌溉方式，大水漫灌、串灌，致使田间水量损失很大，占进入田间水量的 20% ~ 30% 以上（段永红，2003）。在我国水资源十分紧缺的情况下，出现严重浪费的主要原因是节水激励机制缺失，无法刺激农户从切身经济利益出发关注水资源利用的成本与收益，未能按照 MC（边际成本） = MR（边际收益）原理确定灌水适值，以致不能充分调动农户兴建节水设施、应用节水技术、改进灌溉方式的积极性。导致农田灌溉节水激励机制缺失的原因主要在于农业水权和水价两方面。

水资源产权简称水权，产权的基本内容包括所有权、使用权、收益权、处置权。根据《中华人民共和国水法》第三条："水资源属于国家所有，即全民所有。农业集体经济组织所有的水塘、水库中的水，属于集体所有。"按照现代产权经济学的观点，如果产权主体拥有排他的使用权、收益的独享权和自由的转让权，产权就是完整的。水资源的使用权、收益权、处置权的安排，是未来水资源产权安排必须首先解决的问题。

（一）中国水权的局限性

（1）所有权主体的虚置。产权界定明晰的首要条件是有明确的所有权主体。我国有关法律规定自然资源归全民和集体所有，在实际操作中具体由各级部门或地方政府代理管理，有关劳动者也就成了这些自然资源的经营使用者。全体人民都是国家的主人，对于国有资产人人有份，人人都没份。我国传统资源产权制度规定：一个组织（国家、集体）范围内的财产为该组织成员共同所有，任何个人都不能单独占有或者声称拥有某部分财产的所有权。

（2）水产权交换的困难。产权包括了众多的利益、权利的组合，只要产权的行使不违反财产规则时，产权应该是完备的、不受任何限制。因为产权本身就是一种多种用途进行选择的权利，使用权、收益权、处置权应可以分别发挥其效用，产权所有者可以根据自己的偏好，理性地选择自己应行使的权利，通过自愿的交易和符合市场规则的交换，实现自己的效用最大化。然而现实中产权分割和实施，除了受到法律与契约的限制外，特别是政府作为水权的所有者强加于用水户对水资源的各项权利的限制，约束了当事人的经济理性。传统上我国在自然资源的流转方面，已由法律明文规定任何人、集体不得出售或转让任何自然资源。只允许通过有关政府和集体经济组织进行调配来作为自然资源流转的唯一手段，而这种自然资源流转方式很难迅速对市场压力和非市场压力做出回应，造成自然资源分配调整迟缓，自然资源配置长期处于低效率状态。

（3）行使水权规则不明确。在我国自然资源产权制度实施过程中，当国家与农户发生关系时，服从的是不可剥夺规则，而当农户之间发生资源交易时，必须服从财产规则。因此，在资源的分配过程中，规则本身是不确定的。另外，我国自然资源产权实施中分配规则不明确，存在着所有权和资源经营权之间的双向侵权。在自然资源使用的委托—代理关系中，所有者和使用者的关系缺乏明确界定的合约。结果，一方面，使自然资源的所有权在很大程度上在经济上不能实现；另一方面，又给各级政府乱摊派找到借口，由于租约安排不明确，造成这种双向侵权行为。

（二）水权制度改革的必要性

（1）明确水资源使用权的可转让性是建立水资源市场配置的前提。竞争市场体制的基础是财产权利的明确界定。政府以法律或政策形式赋予农民水使用权属于财产权范畴，具有排他性，并且能以此获得未来收益流。市场交易的不是水资源本身，而是以水资源为载体的使用权的交易，正是使用权的价值决定了所交易的水资源的价值。在我国现阶段，水资源所有权和使用权是相对分离的，建立可交易的水使用权是当前迫切需要解决的问题。如果使用权不能转让，那么就不能通过自愿的交换使资源从生产率较低的使用上转到生产率较高的使用上来。水使用权的可转让性是实现自愿交易的必要条件。由于水资源的社会属性，完全的自由交易是不可能的，也是不现实的，但有约束的水使用权利交易是实现水资源优化配置的前提。

（2）使用权的明确是规范政府行为的前提。水资源的初始使用权一旦配置完成，就具备法律保护的条件，各乡政府及部门应尊重用水户水资源的使用权不受侵犯。政府可以通过经济杠杆（价格、税收、补贴）手段来调整水用户的使用权的流向，不能利用行政干预直接剥夺与调整水用户的使用权。避免不该管的乱管，导致市场失灵，而市场的失灵又会引起政府的更进一步干预，使政府偏离经济服务行为越来越远。产权安排明确规定了面对财产的个人、政府及其他社会成员的权利安排关系，因此消除了政府和私人权利的双向侵权行为。

（3）产权可分离性是水资源高效利用的必要手段。产权可分离性，可以使人们在拥有和行使这些可分割性的权利时实行专业化分工，获得工作高效率，从而提高资源的配置效率。产权的可分性意味着存在交易条件下构成产权的全部权利可以通过空间和时间上的分割进行多种构造（一种构造就是一种产权安排），从而大大扩大了产权安排形式的选择空间（进而多样性），一方面为同一资源能够满足不同行为主体在不同时间的不同需要，增强资源配置的灵活性与配置效率提供了可能；另一方面也为通过产权要素的不同组合来选择交易费用最小、工作效率最高的产权制度形式提供了可能。

（三）农业水资源产权配置制度变迁的分析

第一阶段：农业水资源由国家或集体组织无偿配置阶段。在改革开放之前，农用水资源由国家或集体经济组织无偿供给。在水资源富裕地区，农用水基本上"自由取用"，只是在缺水地区，才按照"先来先用"的方式配水。

第二阶段：农业水资源由国家或集体组织低价有偿配置阶段。随着水资源的日益短缺和农村经济体制的变迁，我国农用水资源的配置制度和配置方式也发生了较大的改变。随着用水主体的变化，农用水资源的用水制度逐渐过渡为有偿使用制度。只不过由于种植业产出效益低，国家为了粮食安全，对农用水一直采用低价配水制度，从目前的运行情况来看，这种低价的农用水资源配置制度导致了农用水资源配置效率低下，造成农用水资源的巨大浪费。

第三阶段：实行不可交易的限量水使用权配置制度。除了价格以外，另外一个解决水资源效率的途径就是产权。具体到水资源问题就是水资源的使用权，通过行政性分配或市场式分配，将一定数量的水资源使用权按灌溉制度具体配置到各个农户，农户在水权限定的时间、地点和时间内进行取水。采用这种水权制度一般都以较低的价格配置到各农户，因而不会增加农民负担。另外，由于有水权的定量限制，在某种程度上会导致其节水力度的加大，用水效率的提高。但是农民用水的机会成本仍然为零或继续偏低，想要明显改善浪费用水的现象是不可能的，根本措施是提高农业用水的机会成本，让农民感受到节水的经济诱因，才能提高用水效率。

第四阶段：实行可交易的水权市场配置制度。为了进一步改善用水效率，只有提高用水的机会成本，给农户最大的用水选择权，实行可交易水使用权制度。也就是说，农户对于农用水权，既可以选择自用，也可以按照市场价格在水权交易市场上进行水权转让，哪种方式给农户带来的收益大，农户就选择哪种方式。这样，农户对水资源的评价以市场价格为标准，水权交易价格越高，农户的节水力度越大。反过来，农户节水力度加大，水使用权供给必然增加，导致水权交易价格的下降，又引起节水的减少。这样，通过水权交易市场的运作，农户节水与水权转让价格之间达到一种均衡状态，在这种均衡状态下，农户的经济效益达到最大化，相应地，农用水资源的配置效率达到最优。

三、节水农业补偿一般方法

一是从发展公益事业损害了农户的利益考虑进行的补偿。首先要根据灌溉定额确定区域和水管单位的用水量，节余的水资源用于其他行业的发展，严格限制农业节余水量重新投入到不合理、不科学的用水中去。节余水量用于工商业和生活用水，可采用有偿转让方式；用于生态等公益性事业，政府应给予必要的补偿。其次政府应出台相应的政策和运用必要的措施，鼓励行业间水的转让，并应给予必要的财政支持。在具体实施上，先选择条件适合的地区或输水系统进行水市场试点，总结和积累经验后，适时适度地予以推广。在水市场尚未建立之前，灌区支渠以上的经营管理单位因实施节水计划所造成的政策性损失，政府要给予必要的补偿。

二是从激励节水以改变用水行为考虑进行的补偿。建立节水奖励基金，对节水效益大和贡献突出的单位和个人进行奖励，也可作为节水项目以奖代补和对农民节水补助来源之一。节水奖励基金应以国家财政支持为主，辅之以其他来源渠道。其基本构成有：国家财政专项拨款、农田水利费提成、农业综合开发专项费提成、水费提成、超定额用水的超额水价、水资源费的提成、节水灌溉设备厂家利润提成等。制定优惠政策鼓励农民购买使用节水灌溉设备。对购买使用节水灌溉设备的农民实行补助，改变现有的政府无偿拨款的暗补的做法，实行明补：对购买者按所购节水灌溉设备的价格给予一定比例的补助，采取"多干多补助、少干少补助、不干不补助"的激励政策。补助比例可根据当地实际确定为40%～80%。对于节水设备使用者，有关服务部门要定期进行走访，开展无偿服务。

新疆奎屯河流域属于干旱内陆河流域，其所辖灌区是全国主要大型灌区之一，也是国家节水工程的重要实践基地之一，节水技术应用处于全国领先水平。新疆奎屯河流域行政管理隶属新疆建设兵团管理，其水资源及土地资源属于以团为单位的集体统一管理。根据其行政管理特点，新疆奎屯河灌区实施的节水补偿工作是按照其水价政策及节水设备的使用状况两个方面展开的。

（一）水价的提高与土地收成补贴

新疆奎屯河流域从2002年以来，为了纠正农户用水行为，采用了逐年提高水价的政策，从2002年的平均水价0.25元/立方米提高到2012年的平均水价0.46元/立方米。由于水价的提高农户的生产成本增加，因而理应对其进行相应的补偿。新疆奎屯河地区在考虑水价提高所进行的补贴上规定，如果承包3.33公顷以上土地（含3.33公顷）则将向土地所有者少上交0.33公顷土地收益，

3.33 公顷以下补贴 0.13 公顷土地收益的办法。以 3.33 公顷作为划分标准是由于大多数农户承包的土地都集中在这个标准上。这项补贴政策主要是面向未使用节水设备而采用普通灌溉方式的农户执行。以棉花浇灌作为计算标准，按照 667 平方米收成 180 千克（根据调查的平均产量）棉花计算，假如每千克棉花市场价格为 4.5 元（按棉花最低收购价计算），则 3.33 公顷以上土地相当于补贴了 4050元。667 平方米的用水量按照 400 立方米（根据调查的平均水量），前一年的水价浇灌单位面积定额以下按 0.25 元/立方米，而现水价为 0.46 元/立方米，上涨0.21 元/立方米，并且现年超出额定水量以上按 0.5 元/立方米计算，则相当于每667 平方米多交水费 0.21 × 400 = 84.0 元，3.33 公顷土地则相当于多交纳水费84 × 50 = 4200 元。由于补贴是按照棉花最低收购价计算的，实际市场价格往往高出最低收购价，按照此方法计算提高水价所增加的水费基本上与计划补贴持平。因此参考上年的水价今年提高水价再以补贴的形式补助农户，实际农户付出的成本在水费上基本与去年持平，但按照这种方式管理，农户节约了用水。

（二）节水设备与水价补贴

新疆奎屯河流域为干旱内陆河地区，其自身特点决定了政府始终是鼓励农户使用节水设备的，但是采用节水设备应以农户自愿为原则。为了鼓励农户主动采用节水设备，政府以水价作为激励媒介以区分不使用节水设备的农户。对采用节水灌溉方式的农户由于使用了节水设备而从水价上直接给予补贴。在新疆奎屯河灌区 127 团采用如下措施：规定如果不使用节水设备则在额定水量以下按照 0.46元/立方米收取水费，而采用节水设备则额定水量以下按 0.18 元/立方米收取水费，额定水量以上用水均采用 0.50 元/立方米的水价收取水费。也就是说，采用节水设备比不采用节水设备每方水将补贴 0.28 元/立方米。以上规定是针对667 立方米棉花地采用加压滴灌每年的费用大约为 140 元（平均费用不包括电费）制定的，即按照农户交纳的滴灌费用作为补贴标准。已经考证不采用滴灌设备每 667 平方米耕地棉花平均需水 400 立方米左右，而采用滴灌设备每 667 公顷平均需水为 300 立方米左右，因此假定采用滴灌设备补贴过后的水价为 x 元/立方米，那么计算公式如下：

$$300x = 400 \times 0.6 - 140$$

得到 $x = 0.18$ 元/立方米。使用该水价能促使农户使用节水设备。

新疆奎屯河灌区的节水补偿按照补偿目标进行，即从制定的提高水价政策所引起的农户利益受损以及装备节水设备而增加的成本这两个补偿目标开展补偿工作，具体总结如下。

（1）提高水价所增加的成本采用收成补偿。提高水价再补贴政策主要是针对灌溉方式为普通浇灌即没有采用节水设备的农户。通过水价的提高主要促进农户的节水积极性，而提高水价增加了农户投入的成本使得农户负担加重，因而理应进行有效的赔偿，在此参照去年的水价标准，同时根据平均单产及平均用水量从土地收益补贴农户，使得提高水价所造成的成本增加量与补贴量平衡，最终保证农户所付出的水价成本与去年基本持平。

（2）针对使用节水设备成本增加的补偿。使用节水设备的农户按照低水价计算水费，不使用节水设备的农户按照高水价计算水费，高低水价差异形成对使用节水设备农户的补贴，并且利用高水价及节水设备费用计算出低水价从而平衡节水设备成本，该方式有效地促进了农户采用节水设备的积极性。

四、农业水价激励机制的形成

（一）国外水价激励机制

从全球范围来看，灌溉用水的水价远低于生活、城市和工业用水。即使是在美国、以色列这样的灌溉系统能够达到自我维持发展的国家，其灌溉用水的价格仍然远低于其他用水的水价。但是，为了鼓励农收节水，各国都制定了相应的水价政策。

以色列实行全国统一水价，通过建立补偿基金（通过对用户用水配额实行征税筹措）对不同地区进行水费补贴。不同部门的供水实行不同的价格，用较高的水价和严格的奖罚措施促进节水灌溉。为鼓励农收节水，用水单位所交纳的用水费用是按照其实际用水配额的百分比计算的，超额用水，加倍付款，利用经济法则，强化农收用水管理，对配额水的前50%的用水按正常价收费（0.1美元/立方米），其余的50%将提高水价收费（约0.14美元/立方米）。对于超过配额用水的前10%，定价为0.26美元/立方米，再多的超额用水为0.5美元/立方米。此外，为了节约用水，鼓励农民使用经处理后的城市废水进行灌溉，其收费标准比国家供水管网提供的优质水价低20%左右，其亏损由政府补贴。以色列的农业用水水价政策，不仅保证了农业用水需求，而且鼓励或迫使农业有效节水，使其成为国际上农业节水技术最先进的国家之一。

美国水价制定的总原则是：供水单位不以营利为目的，但要保证偿还供水部分的工程投资和承担供水部分的工程维护管理、更新改造所需开支。同时采用不同级别的水价政策，包括联邦供水工程水价、州政府工程水价以及供水机构的水价等，各类用水实行不同的水价。联邦工程灌溉用水水价，只要求偿还工程建设费用，不支付利息；州政府建设的水利工程灌溉用水，必须支付全部的运行费、所分摊的投资和利息及其他费用；灌区水管部门从水利工程处购水再卖给灌溉用水户，灌溉用水费除水利工程购水费外，还包括灌区水管部门的配水系统成本、运行维护费、行政管理费。美国所采用的水价结构随水资源条件不同各地有较大差异，但近年来都逐渐采用有利于节水的水价结构，如累进水价。另外，农民使用处理后的废水（可达到地面水三类标准）发展喷灌、灌溉牧草等，水价只有正常的表水供水价格的1/3左右，也比抽取地下水便宜。

澳大利亚的供水分为政府控股、政府作为基础设施管理兼有经营、私营等三种，不管哪种模式，对于各用水户都按全成本核算水价，包括年运行管理费、财务费用、资产成本、投资回报、税收、资产机会成本等。灌溉水价主要根据用户的水量、作物种类及水质等因素确定，一般实行基本费用加计量费用的两费制。全澳要求在2001年实现农业用水的水价完全包含成本。灌溉供水不取利润，供水单位是不盈利的；政府管理的灌区所收水费，只能用于工程维护和运行开支，水费要收支平衡；开支后的结余可接转下年用于工程维护，而不能用于发奖金等，以保持事业性水利管理单位的廉洁、高效。

（二）农业用水激励机制

水资源有自然属性，但在商品经济社会，由于水的稀缺性和兴建、管理供水工程需要投入，因此，水资源又具备商品属性。水资源的商品属性要求我们在从事与水有关的活动时，要遵守价值规律，过去人们把水资源作为自然资源，对水的商品性认识不足，用水往往是免费或价格太低，因而存在水资源大量浪费的现象。

水权费的放弃是水权缺失的一种表现。政府应该加强水权费征收工作，水权费的征收一方面能够为水资源保护提供资金保证，另一方面也有利于水资源的节约。政府管制下的水价政策选择，应该充分考虑不同政策实施的效率，由于自然垄断行业政府管制的低效率，放松政府管制建立政府宏观调控下的水资源准市场配置是实现资源帕累托配置的理性选择。中国水价改革中合理制定水价是实现水资源有效配置的手段。

从经济理论角度来看，价格的提高可以改善资源的配置效率。因此，在如何提高农用水资源的利用率问题上，最简单、最直接的解决方法就是提高农用水价格。利用价格促进配置效率的提高。可以肯定的是，价格这把"双刃剑"可以解决水资源效率问题，但同时也必然增加农民负担，可能会造成农户"弃荒"，影响国家粮食安全和农村的稳定。因此，如何调和效率和安全、稳定之间的关系，管理层颇费周折，以至于在新《水法》中也不得不采取一些折中的方式进行规定：对农村集体经济组织及其成员使用本集体经济组织的水塘、水库中的水，可以不实行取水许可制度和有偿使用制度。

市场经济条件下，农业灌溉用水作为一种经济行为，水价必然会对其产生调节作用，合理的水价通过改变用水户的成本收益结构而对用水主体产生激励和约束作用。从水价来看，目前新疆农业水价偏低，每立方米不到4分，远远低于供水成本，对节水产生不良激励。根据利益最大化原则，农户只有在节水效益大于节水成本时才会主动采用节水技术和措施，而节水收益直观地表现为节省的水费，这样水价的高低就成为激励节水的重要因素。水价越高，节水激励越强，反之越弱。目前过低的农业水价使得节水投资成本大大超过节水收益，这如何能够引导农户改进落后的灌溉方式？又如何能够调动农户投资节水的积极性？与此同时，随着改革开放的深入，农业主要生产资料的价格基本上已由市场形成，并成为农业生产成本构成的主要因素，而水利工程供水作为农业最基本的生产资料之一，其价格却缺乏合理的形成和调节机制。几十年来，水利工程供水在许多地方并没有被作为一种商品来看待，而是长期无偿使用，即使收费，标准也严重偏低，收入还被作为行政事业性收费管理。虽然近十几年来，水价改革取得了一定的进展，但水利工程水价仍远低于合理的供水成本，水费支出在农业生产成本中也不是主要构成部分，与水利工程供水给农业带来的净效益相比，其比例更小。长期低水价运行必将带来严重的后果：一是助长了水资源的浪费；二是使供水工程老化失修，状况恶化，修复破损工程将比正常维修花费更多的资金；三是使一些灌溉系统崩溃或面临崩溃，农民利益受到损害。因此，水利工程水价迫切需要进行调整。这一矛盾在我国将长期存在，其产生的根本原因是我国农业和水利行业发展长期以来都相对滞后。

水价是调节水的利用向经济效益更高的产业转变的重要经济手段，合理的水价政策可有效地促进节约用水。新疆农业水费供水成本为每立方米 4.5 分，实际执行水价为每立方米 3.27 分。如按每公顷灌溉 11175 立方米计算，每公顷水费为 366 元，成本水费为每公顷 502.5 元，这对农民来说是完全可以负担的。在控制亩均水费不增加的情况下，通过提高水价使公顷灌溉定额不超过 4500 立方米是有可能实现的。因此，应利用水价杠杆作用逐步提高水价，保证水利设施的正常维护，促进节水。

第九章　节水生态农业评估与监控机制：
预警与控制信息系统研究

节水生态农业系统的生存与发展会受到来自生态、社会、经济等多种因素干扰，易造成农业运行主体偏离正常运行"轨道"产生各种警情。建立节水生态农业预警系统，目的是通过各种监测系统测报警情，并能通过调控系统及时排除警情，保证农业运行主体的可持续发展。地球上的生态环境是一个不断变化的复杂系统，其存在正向（进化）与逆向（退化）的演替过程。由于人类不合理的农业活动的影响，目前生态环境的逆向演化正在加剧，导致环境质量日益恶化，甚至出现生态危机。保证生态安全是农业可持续发展的核心。然而，目前人们对于生态环境的破坏的显现有一定的滞后性，对其危急状况缺少必要的评估和预警能力，对突发事件缺乏足够的心理和物质准备，往往处于被动应付地位，导致无法弥补的生态损失。为防患于未然，有必要对生态环境危机进行预测预警，并及时采取相应的对策措施。这便是提出人类在进行农业生产活动过程，对生态环境危机预警的背景。

第一节　节水生态农业预警基本理论

一、节水生态农业预警含义

节水生态农业预警是为防止宏观农业运行中可能偏离正常发展轨道或生态可能出现危机而建立的报警和实施系统。它包括了从发现警情、分析警兆、寻找警源以及采取正确的预警方法将警情排除的全过程。着重在生态环境质量评价的基础上，就区域的农业生产活动、水利工程建设、资源开发、国土整治等人类活动对生态环境在一定时期内所造成的影响进行预测、分析与评价，确定区域农业生态环境质量状况和农业生态环境系统状态的变化趋势、速度以及达到某一变化阈值（警戒线）的时间等，并按需要适时地提供生态环境恶化与农业生产变化的各种警戒信息的综合性研究。因此，节水生态农业预警包括两方面的任务，一方面对生态环境逆向演化趋势和演化后果进行分析预测的生态安全预警，另一方面是对农业发展持续性的预警。

在生态环境系统的演变过程中，可以通过相对稳定的特征指标对系统进行定量测定和识别，以确定系统的质量现状、演化方向及演化速度。由此可见，在多学科理论和现代技术支持下，通过对节水农业生态环境系统内部的结构、功能诸因素加以综合分析和评价，可以确定农业生态环境的质量状况、演化趋势和演化速度，这都是实现节水生态农业预警的理论依据。

二、新疆节水生态农业预警的必要性

（一）新疆的生态系统自我调节能力和恢复能力弱

在影响绿洲形成和发展的诸因素中，决定性的因素是水土条件，尤其是水分条件，绿洲的兴衰取决于人类对水、土等自然资源利用的合理程度。当人类活动的影响程度超过了绿洲系统的承受能力和弹性调节限度后，绿洲系统结构就会受到损害，导致其功能降低。由于绿洲生态环境的脆弱性决定了绿洲生态环境抵御自然灾害以及人为破坏的能力极其有限，任何异常的自然过程扰动或不合理的人类活动都有可能导致绿洲生态系统功能的损伤、退化甚至带来毁灭性的灾难，而且系统一旦遭到破坏就很难恢复。生态系统被人的农业活动压力突破后的主要一个特点是问题的显露将会有很强的滞后性。危机滞后的原因，除生态系统有自身的补偿功能外，人类社会的两个因素是必须注意的：一是人类可以用加速消耗资源存量的办法来弥补生态系统再生能力的下降。如当动态水资源满足不了需求时，超采地下水资源就成为一种补偿办法。虽然从长期效果来说，这无疑是雪上加霜，但在短时间内这种做法是可以麻痹人们神经的。二是人类的社会机制可在一定范围内起到掩饰（而非补偿）作用。例如，只要价格体系能够承受，水量的不足在很大程度上通过加大投入来消除其供求失衡的后果。无论如何，这种滞后性有使人类获得喘息之机的一面，但消极性是主要的，对沉湎于眼前利益的人类社会来说，它增加了局面难以收拾的可能性。

（二）节水生态农业预警是现代科学管理与决策的前提

预警系统的建立和实施是科学管理的具体体现和实现形式。换言之，没有预警系统，科学管理、数量管理是不完善的。现代科学管理必须实行定性与定量相结合，才能提高管理水平。节水生态农业预警是实现对农业经济进行有效管理的一个很重要的方面，如果农业决策部门对农业经济系统中实际发生的超常经济波动缺乏及时、准确的预见，则这种信息的延误有可能导致农业系统产生严重的震荡与失稳。因此，进行节水生态农业预警，旨在预示农业经济系统态势偏离正常轨道或超越临界值的状况，对于保证农业系统的稳定协调发展十分必要。

（三）节水生态农业预警的过程是发现问题、解决问题的过程

农业系统是一个典型的灰色系统，干扰因素多，波动性大。通过节水生态农业预警对农业经济运行实施监控，及时发现问题，找出问题的根源。正确认识农业波动的客观性及引发机制采取适宜的对策措施，消除警情，即可达到平抑波动的目的。

三、节水生态农业预警的特性

节水生态农业预警作为一个完整的系统具有自身的特性。节水生态农业预警的特性包括系统性、参照性、相关性和预见性。

（1）系统性。节水生态农业预警指标是由众多相互之间有密切联系的预警指标组成的指标体系，既有农业方面，还有生态方面的不同等级的指标体系相互密切联系，组成的一个有机整体。共处于一个系统的各部分或各要素，不仅要维持其内部的和谐，而且必须与环境保持和谐。因此，我们处理各部分关系时要顾及到方方面面，不能顾此失彼，要统观全局。

（2）参照性。以一个特定的远期目标为参照系，根据统计数据和科学方法制定的农业预警指标体系，就会为宏观农业的管理提供科学的参照物，节水生态农业预警指标体系一经制定出来，就使我们对近期农业发展状态有一个大致的了解，就会勾勒出农业发展大致图像。我们在实际工作中就会不断地把农业发展的现状与已经制定的节水生态农业预警指标进行对比，从中发现农业已出现的问题或苗头，及时采取有力措施，把问题解决在萌芽之中。不至于使问题达到不可收拾的地步才去采取措施，造成严重的经济损失。同样地，有了农业预警指标体系，当农业出现好的形势、取得很大成绩时，也不至于产生盲目乐观现象，以致采取不适当的政策和措施，招致农业新的滑坡，出现新的不平衡。

（3）相关性。节水生态农业预警系统是一个复杂的系统，各子系统、各要素之间相互影响、相互依存，彼此间有着错综复杂的关系。因此，一个子系统或一个要素发生变化就会自然地影响其他密切相关的子系统或要素。

（4）预见性。由于经济指标之间的密切程度，一因素的变化会或迟或早地影响相关因素发生相应变化。但是，由于各因素之间相关程度的不同，一因素发生的细微变化，只会影响与之联系密切的因素的变化，并不一定直接影响与之联系不密切的因素的变化，或者由于这种联系不甚密切，发生变化的时间明显延迟。农业预警系统的预见性的特性，要求根据某些因子的变化，可以预见将来农业经济运行的状况，能够迅速反映出一些重要指标的变化趋势，使主管部门尽快做出安排，采取有效措施使农业朝良性循环方面转化。

四、节水生态农业预警系统的功能

节水生态农业预警系统的主要功能包括农业开发活动对环境安全、生物安全影响过程的评价及预警分析与规划管理两个主要部分。预警分析主要分析区域开发活动对环境造成的累积效应（客观变化），规划管理主要是对累积影响进行评估后做出预警报告及提出决策方案。

（一）农业开发活动过程的生态安全评价与预警分析

根据科学方法，在占有大量统计数据基础上制定的节水生态农业预警指标体系，使生态安全有一个具体的可以作为统一的、具有共识的参照系来使用，使经济管理干部能够认识生态环境、生物环境状况，判断农业生产状况的适宜性提供参照。同时使得人们对农业与生态形势的认识会更统一，对农业活动的评价更科学，预警程度更接近实际，制定的政策和措施也更有效。

（二）规划管理

农业经济中出现的重大偏离正常轨道的现象必须通过农业经济决策机制采取相应措施，及时调整农业发展的步伐，纠正不完善的甚至是错误的决策，重新进行农业生产的规划管理，使农业活动朝正常轨道发展。所以，农业预警系统的建立为科学决策奠定了坚实基础。

因此，建立节水生态农业预警系统，设计节水生态农业预警指标体系，可以以此为参照系与经济发展状况进行对比，对经济发展状况实行动态监测。这样才能在经济发展出现偏差、出现偏离正常轨道的时候，及时地、不失时机地对经济进行"微调"，获得事半功倍的效果。并且根据农业系统的预警状态，超前调控，实行科学的超前规划管理。面对农业发展的未来，我们既看到长处，又看到短处，尽量超前克服阻碍农业持续发展的制约因素。

第二节 节水生态农业预警的逻辑过程

节水生态农业预警过程实质上是一个分析的过程，应用因果分析法，从结果出发寻找产生这种结果的原因，再分析原因又是如何影响结果。节水生态农业预警遵循的逻辑过程是：

一、确定警情

节水生态农业系统的警情可以从农业发展的目标——参照物对比变化中反映出来。

二、寻找警源

确定了警情之后，必须分析产生这种警情的根源——警源是什么，警源是警情产生的"火种"。

三、分析警兆

预警的关键在于分析警兆。警情产生于警源，警源只有经过一定的质变与量变过程，才能导致警情的爆发。在这个过程中包含着警情孕育、发展、扩大、爆发。警情在爆发之前总有一定的先兆即警兆出现。可见警兆是一种先导现象，警情与警兆共生。因此，预警不能只停留在对警源的分析上，而应对警兆作进一步的分析。

四、预报警度

预报警度是预警的目的。根据警兆的变化状况，联系警兆的报警区间，参照警情的警界区间或警情等级，一般来说，警情的大小程度叫警度，警度有轻、重之分。

第三节　节水生态农业景气预警

对重大的农业问题或农业生态灾害进行分析预测是农业景气预警主要的研究内容。农业预警常用的方法是指标法，指标法具有简单、实用和快速的特点，尤其在我国使用更为适宜。不论采用哪一种方法进行农业预警研究，选择和确定科学的预警指标及体系是最重要的内容。

一、农业预警综合指标体系的设置原则

基本原则在于资源与农业的可持续利用与发展，因此节水生态农业的预警系统旨在对生态安全评价与认识的基础上，警示人们应该采取如何合理利用环境、生物及生态系统的农业活动措施，注意维护生态系统的稳定。

（一）综合性和整体性原则

节水生态农业是一个自然、社会经济、人类活动交织在一起的复合系统，且一个因子的变化往往引起关联因子的变化，一个子系统的变化也往往引起关联子系统甚至大系统的变化，因此必须做到预警的综合性原则。

（二）层次性原则

生态安全的预警应该区分成大系统、子系统和预警因子的不同层次性，从而

便于突出重点。简单性和实用性原则。预警是为环境、区域的农业开发规划和治理提供决策和依据的，因此预警的指标选择既要全面也要简洁，数据易获得，计算方法简便，便于操作。

（三）资源环境开发利用的临界准则

资源与环境的开发利用都是有一定限度的，超出限度必定对地球系统及人类带来许多不可逆的影响。临界准则的制定依据可以按照生态效应、社会需求和经济效率准则来进行。

生态效应准则：即要求对自然资源的利用不超过一定的限度，人类活动对环境、生态系统的影响不会导致生态状况的恶化并危及人类自身和生物安全。生态效应的测量可以制定一系列临界标准，如森林采伐强度、捕捞强度、地下水抽取强度、污染物排放量等。

社会需求准则：社会需求发展对资源、环境、农产品的需求不得危及生命与生态支持系统，即生态实力或生态资源的自然生命支持力。

经济效率准则：主要反映农业活动对自然资源利用方式、利用强度变化和自然资源投入产出变化关系。自然资源投入产出效率是其表征指标。

（四）人类活动对环境、系统影响的代际公平准则

对当前的消耗意味着减少了后代人消费的可能，如果开发速度快于系统的再生与更新能力，会危及人类生存发展的底线。因此生态安全的预警在于维护代际公平。代际公平要求当代人对环境与资源的开采利用应是以不破坏后代人的发展为前提。现代人应通过寻找替代物或技术转移等途径来防止生态安全危机的提早到来与系统的崩溃，使人类活动对生态安全的影响维持在可修复及恢复的阈值范围内。

（五）选择的指标必须能够确保正确地评价当前农业经济、社会、生态的运行状态，揭示长期农业生产波动的原因

通过所选择的指标体系能够使调控经济状态的决策者将这些指标综合起来得出一个符合农业实际情况的结论。这样不仅能自然判断出农业形势的正常与异常，而且还能为未来农业发展进行预警创造条件。

（六）选择的指标必须能够准确地预测农业经济、社会、生态发展的趋势，这是农业预警的重点

使用所选择的指标，通过趋势预测，揭示出使农业处于稳定增长态势的合理界线。通过改变农业系统的控制参数和变量对农业资源分配调控；使农业发展中出现的异常状态得到收敛和控制，从而使农业系统的变动能够在合理的置信区间内进行，而不脱离这一范围。

二、节水生态农业预警指标体系的设置

在节水生态农业可持续发展的评价与规划中，预警指标综合体系一般需要三套指标体系，它们分别是规划指标体系、执行指标体系、预警指标体系。规划指标亦称安全指标，主要根据资源的承载力、生态环境的缓冲力以及区域的生产力等，在对区域农业发展现状进行评判的基础上，用于确立区域未来农业可持续要求下的最适或最优的整体发展水平。为达到这一最优的发展水平，拟定出一整套发展内容及其相应的临界阈值和评判标准，即规划指标体系。在实施过程中，由于各类随机因子的干扰，尤其是小概率事件发生的不确定性，常常令规划出的可持续发展目标遭到某种不可抗拒的扭曲。顺应此类变化的需要，制定执行指标体系。执行指标体系是对规划指标体系的调节与修正。所谓预警指标体系，是在区域的发展即将越出警戒状态时，能提前地提供警告，以便有较多的时间控制区域农业系统，使其沿着正常的状态轨迹和规划目标有序地发展。

（一）规划指标、执行指标、预警指标的确定方法

农业在失衡出现后采取调控措施，虽然可以起到亡羊补牢的作用，但失衡期间造成的损失是难以弥补的。同时由于采取措施后，有措施效用时滞性问题的存在，加上失衡惯性作用及连锁反应，失衡现象难以马上消除或挽救，从而会继续增加损失，为了避免这种后果，预警时要考虑一个超前量，超前量数值确定，因不同的预警指标而异。主要采取变量控制图法来制定。变量控制图法是采用类似于质量控制的方法来确定各类警情指标的警限。

第一，在筛选出农业预警的警情指标的基础上，按资源丰度及农业发展状况分类抽选样本，被抽样本的群体服从正态分布，样本的平均数也服从正态分布。在每类中抽取 n 年份的数据，计算的每类样本平均数$\overline{X_i}$。

$$\overline{X_i} = \sum_{j=1}^{n} x_{ij} \qquad\qquad (9-1)$$

第二，确定规划中心线。也就是我们所追求的参照指标，亦称规划指标$\overline{\overline{X}}$（样本平均数的平均数，即总体平均数）。

$$\overline{\overline{X}} = \sum_{i=1}^{k} \overline{X_i}/k \qquad\qquad (9-2)$$

式中，$i(1，2，3，\cdots，k)$ 为抽样类别数；$j(1，2，3，\cdots，n)$ 为年份；x_{ij} 表示各年某警情指标值。

第三，利用回归方程法确定每年某警情指标长期趋势值 T_{ij}。

第四，确定每年某警情指标循环波动值 C_{ij}。

$$C_{ij} = x_{ij} - T_{ij} \qquad\qquad (9-3)$$

第五，确定各年某警情指标标准循环偏差 δ。

$$\delta_{ij} = \sqrt{\sum C_{ij}^2/n - \left(\frac{\sum C_{ij}}{n}\right)^2} \tag{9-4}$$

式中，n 为时间序列的时间长度。

第六，确定安全警限区间，即预警线上下限，也称上控制限线和下控制限线，在此区间的指标也称为执行指标（亦称绿灯区）。在此之外就是预警区间（亦称红灯区）。

$$UCL_{\overline{x_i}} = \overline{\overline{X}} - t\, \overline{\delta_i} \tag{9-5}$$

$$LCL_{\overline{x_i}} = \overline{\overline{X}} + t\, \overline{\delta_i} \tag{9-6}$$

$$\overline{\delta_i} = \sum_{j=1}^{n} \delta_{ij}/n \tag{9-7}$$

式中，t 为平均值控制图控制限常数因子（亦称标准度），当概率为 99.73% 时，$t=3$，其可查表求得。

图 9-1 规划指标、执行指标、预警指标关系示意图

（二）警情指标的选择

根据警情指标设置的原则，主要选择以下指标作为警情指标：

反映农业生产状态指标：农业总产值增长率、粮食产量增长率等。

反映农民生活水平指标：农民实际收入增加指数［货币收入指数/（1+生活消费增长率）-1］、农民负担弹性系数（税收、提留和摊派等增长率/收入增长率）等。

反映农业投入指标：水利基本建设投资占农业基本建设投资比重、科研经费占农业总产值的比重等。

反映生态指标：地表水源开发程度、地下水资源开发程度、生态用水率、土壤有机质含量等。

反映资源利用率指标：农业土地生产力指数、耕地灌溉率、水资源利用率、灌溉用水指标、渠系水利用系数等。

表9-1 节水生态农业预警综合指标体系

警情指标	规划指标	执行指标	预警指标
农业总产值增长率（%）	3	0~3	<0
粮食产量增长率（%）	>1.6	0~1.6	<0
农民实际收入增长指数（%）	>5	0~5	<0
农民负担弹性系数	<1	1~1.2	>1.3
水利建设占农业基本建设投资比例指数（%）	>110	90~100	<90
科研经费占农业总产值的比重（%）	>1	0.5~1	<0.5
农业土地生产力指数（%）	>110	90~110	<90
土地荒漠化增长率（%）	>0.90	0.9~1.2	>1.2
耕地灌溉率（%）	>60	60~20	<20
水资源利用率（%）	>75	75~50	<50
地表水源开发程度（%）	<50	70~50	>70
地下水资源开发程度（%）	>30	70~30	>70
灌溉用水指标（立方米/公顷）	<4500	4500~9000	>9000
生态用水率（%）	>25	15~25	<15
渠系水利用系数	>0.7	0.7~0.35	<0.35
土壤有机质含量（%）	>3	1~3	<1

三、节水生态农业景气预警模型

景气循环法是通过短期预警分析来揭示农业运行的景气状况，并刻画农业波动周期的时点特征。由此可以判断农业运行中是否存在警情以及警情何时出现的方法。

景气预警即表示农业运行的活跃程度，与之相对应的是农业的不景气。表示农业运行中出现的生产下降、收益降低等现象。对农业短期景气判断一般基于警情指标数量变动特征，多数指标的上升或下降即预示农业景气或不景气时期的到来。农业景气状况可以通过构造预警指数来加以度量，它是在对各个警情指标测定基础上，通过其上升或下降的动态过程特征的综合，来反映农业波动变化规律的综合指数。预警指数是指在一定的时点上，在预警区间的警情指标数占全部指标总数的比率。用公式表示为：

$$DI(\%) = \frac{\text{在预警区间的警情指标数目}}{\text{指标总数}} \times 100\% \qquad (9-8)$$

（1）当 $0 < DI < 50\%$ 时，预警指标数小于 50%，农业总体处于景气状态、无警。但随着 DI 的增大，扩张因素在不断增长，农业形势恶化，当 DI 接近 50% 时，农业运行即处于景气阶段后期。

（2）当 $50\% < DI < 100\%$ 时，农业情况出现转折，农业处于不景气阶段，随着 DI 向 100% 不断趋近，农业形势越来越差。

（3）当 $100\% > DI > 50\%$ 时，农业仍处于不景气状态，但随着 DI 向 50% 不断趋近，农业进入增长阶段。

（4）当 $50\% > DI > 0$ 时，农业运行中的对比力量再次发生重大变化，农业处于无警状态。

预警指数也有简单与加权之分，计算出的 DI，为简单预警指数。由于警情指标在反映农业扩散特征的作用上有的大，有的小，要提高 DI 的代表性，采取客观的及适宜的权数予以计算比较好。确定权数可采用多种方法，如专家系统法、相关系数加权法等。

节水生态农业系统评价最终要求建立一个高度智能的、有模拟预测能力的并进行比较有效的监控信息系统。该系统的运行将能执行区域节水生态农业发展的实况跟踪、仿真模拟和方案比较，同时可以对已实施的规划进行鉴别、测试、评分，并能引入风险评价，以便决定规划的继续进行、适时中止、重新拟定等命令。从而为区域管理者提供决策支持和咨询。建议由独立的、非政府的、非营利的学术权威机构组建节水生态农业监测系统和评判网络，实施年度测评，并提供调控方案。为政府决策提供依据。

第四节　建立节水生态农业预警信息系统

一、利用遥感与地理信息系统构建农业节水生态环境的信息系统

计算机信息技术的发展为构建节水生态农业预警信息系统提供了基础。现有的地理信息系统和卫星遥感技术的逐步成熟为构建节水生态农业预警信息系统提供了技术条件。地理信息系统（GIS）从 20 世纪 60 年代起步，经过近 40 年的迅速发展，已成为集计算机科学、地理科学、测绘学、遥感学、环境科学、空间科学、信息科学、管理科学等多学科为一体的处理空间数据的现代高新技术。GIS以地理空间数据库为基础，采用地理模型分析方法，实时提供多种空间的、动态的地理信息，为发生在空间环境中的人类活动及其效应提供一种描述、分析和预

测的强有力工具。利用 GIS 技术可以对区域环境开发、人类活动影响效应进行透彻的分析。对效应的累积、安全性的程度可以在区域、局域和局部进行多层次的转换，并进行细致的分析。

遥感是借助地球人造卫星，以物理、数学、地学分析为基础的综合性技术，具有宏观、综合、动态和快速等特点，可作为数据采集的主要手段之一。遥感用于区域变化，尤其是人类活动对土地覆盖、土地利用的研究已经成为一个重要的手段，达到很精细的程度，对植被的变化和作物估产的研究也趋于成熟。通过植物光谱响应特征的季节变化规律可以了解植物干物质的多少；利用气象卫星陆地卫星系统中绿色植被指数结果的兼容性和可比性，更增加了分析大范围植被变化与人类活动影响动态的能力。

在节水生态农业预警研究中引入遥感技术及 GIS 方法论与实践基础，表明现阶段建设节水生态农业预警信息系统具有一定的可行性。

节水生态农业预警信息系统是生态危机预警研究与 GIS 技术相结合的产物。具体地说，它是在 GIS 等现代技术支持下，在对节水生态系统分析的基础上，建立适合节水生态农业评价和预警的指标体系和模型分析体系，评价绿洲生态环境的质量总体状况和演化趋势，反映绿洲生态环境所受威胁的类型、强度及在空间上的分布，并提供绿洲生态环境质量状况的发展变化趋势及速度的信息，最终实现节水生态危机预警的信息系统。

在节水生态农业预警研究中，由于考虑到自然地理单元内部能量、物质流动和交换具有重要意义，而自然地理单元边界却往往与行政区划界线不一致，因此，建立跨行政单元界线而以自然地域单元为主所建立的预警信息系统则更为实用。

二、节水生态农业预警信息系统建设途径

（一）以绿洲生态环境的数字化管理为基础

预警信息系统是一个有关农业、经济、社会及生态信息平台，通过对 GIS、遥感、全球定位系统（GPS）等现代地理信息技术的集成，建设一个"数字复合生态农业系统"，建立包括资源数据库、环境数据库、农业生产状况在内的经济社会背景数据库，在这个数字信息平台上，可实现对整个生态环境状态和人类农业活动的时空动态模拟。

（二）数据模块化管理

预警信息系统的核心是对农业发展状况、生态环境质量状况的评估，以及对生态环境恶化趋势的分析与预警。由于影响农业生产状况、生态环境变化的因素可能来自不同的层面，包括来自系统内的和系统外的，既有人为因素，也有自然

因素；既有政策制度因素，也有技术因素。而不同的影响因素具有各自的特点和动态机制，系统对不同因素变化的响应也千差万别，因此应针对不同因素的特点，综合各相关学科的最新研究成果，选用不同的建模工具，建立适用的模拟模型、评估模型和预测模型，形成不同的模块，最终将各模块集成一个有关农业、生态安全的预警信息系统。

（三）信息处理数据量巨大

预警信息系统所需数据来源广泛，包括不同时空尺度、不同精度要求的数据。不仅有常用的统计数据、遥感影像数据、实地测量数据、各种调查数据，还包括各种图像、声音等多媒体数据。涉及的部门众多，数据量巨大。有效信息处理要求比较高。

（四）预警信息网络化建设

节水生态农业信息系统是一个实用性很强的信息系统。因此，在建立这种信息系统时，不仅要考虑能为区域决策部门提供辅助决策信息服务，而且应考虑以区域为节点、以互联网为纽带，最终纳入国家农业生态环境预警信息网络。因此，在系统建设之初，各区域节点就应在统一的规范标准下，建立基于分布式数据传输网络和信息共享机制的系统。

建设节水生态农业信息系统，现阶段需要着重解决的关键性技术问题主要有：安全的界定和生态危机阈值的确定；绿洲生态环境评价的理论与方法模型，包括区域生态环境评价和预测、预警方法模型；各部门组织协调，节水生态农业预警信息系统的建设涉及众多部门，因此在系统建设中必须建立科学、高效的协调机制和运行模式。节水生态农业预警信息系统拓展了现代地理信息技术的应用领域，使得农业预警的研究和应用水平更加具有科学性和实用性。随着其理论与技术的逐步成熟，其必将成为由国家组织和实施并由国家权威机构发布农业预警信息且为公众服务的信息系统。同时，农业预警信息系统的建设也将为国家乃至全球生态安全维护体系的形成奠定重要基础。

参考文献

［1］孙法臣．新疆生产建设兵团统计年鉴（2013）［M］．北京：中国统计出版社，2013.

［2］张红丽．新疆节水生态农业系统理论与制度创新研究［D］．华中农业大学博士学位论文，2004.

［3］熊彼特．经济发展理论［M］．北京：商务印书馆，1991.

［4］王明友．知识经济与技术创新［M］．北京：经济管理出版社，1999.

［5］郭强．技术创新的理论与政策［M］．广州：中山大学出版社，1999.

［6］柳御林．技术创新经济学［M］．北京：中国经济出版社，1993.

［7］裴恩均．农资"一票到户"存在差距与应对措施［J］．兵团经济研究，2009（8）.

［8］刘荣章，翁伯琦．大力推行节水型生态农业建设［J］.6·18博览，2008（16）.

［9］王健．我国生态补偿机制的现状及管理体系创新［J］．中国行政管理，2007（11）.

［10］王金南，庄国泰．生态补偿机制与政策设计国际研讨会论文集［M］．北京：中国环境科学出版社，2006.

［11］刘嘉尧，陈思涵．西部地区生态补偿方式与补偿标准研究［J］．新疆社会科学，2012（6）.

［12］李全新．西北农业节水生态补偿机制研究——以张掖地区为例［D］．中国农业科学院博士学位论文，2009.

［13］尹成杰．关于建设中国特色现代农业的思考［J］．农业经济问题，2008，3（9）.

［14］韩俊等．"十二五"时期我国农村改革发展的政策框架与基本思路［J］．改革，2010（2）.

［15］郭金龙，张许颖．结构变动对经济增长方式转变的作用分析［J］．数量经济技术经济研究，1998（6）.

［16］韩延春．结构变动与经济增长［J］．湘潭大学社会科学学报，2009（8）.

［17］农四师政研室．边境团场深化改革加快发展问题研究［J］．兵团经济研究，2010（1）．

［18］张华建．农业结构战略性调整与农民增收［J］．安徽农学通报，2008（7）．

［19］谢瑞其．社会主义新农村建设中的投融资机制创新研究［D］．湖南农业大学博士学位论文，2008.

［20］杨恒雷．农村基础设施建设融资机制研究［D］．南京农业大学博士学位论文，2010.

［21］黄勇民，李军．多层次农业基础设施体系建设的投融资机制创新研究［J］．南方农村，2005（6）．

［22］孟全省．中国农户融资机制创新研究［D］．西北农林科技大学博士学位论文，2008.

［23］陈辞．中国农业水利设施的产权安排与投融资机制研究［D］．西南财经大学博士学位论文，2011.

［24］冯骏，毕玉中．以党的十八届三中全会精神为统揽全面深化兵团改革早日实现"两个率先、两个力争"目标更加有力维护新疆长治久安［N］．兵团日报（汉），2014 - 01 - 08.

［25］新兵办发〔2013〕111 号关于深化兵团水利管理体制改革的实施意见［EB/OL］．http：//www. xjbt. gov. cn/gk/wjzc/gfxwj/237182. htm.

［26］新兵办发〔2013〕61 号关于印发《兵团金融业发展规划（2013～2020年）》的通知［EB/OL］．http：//www. xjbt. gov. cn/gk/wjzc/gfxwj/237123. htm.

［27］韩洪云，赵连阁．节水农业经济分析［M］．北京：中国农业出版社，2001.

［28］韩洪云，赵连阁．农户灌溉技术选择行为的经济分析［J］．中国农村经济，2000（11）．

［29］韩青，谭向勇．农户灌溉技术采用的影响因素分析［J］．中国农村经济，2004（1）．

［30］韩忠卿．农业节水的激励机制和具体措施［J］．农村水利，2005（15）．

［31］韩青．农户灌溉技术选择的激励机制———一种博弈视角的分析［J］．农业技术经济，2005（6）．

［32］段永红，杨名远．农田灌溉节水激励机制与效应分析［J］．农业技术经济，2003（4）．

［33］张春玲．水资源恢复的补偿理论与机制［M］．郑州：黄河水利出版

社, 2006.

［34］孙惠丽, 江华锋. 对环境问题的制度经济学分析［J］. 生态经济, 2007 (7).

［35］张绪清. 欠发达资源富集区利益补偿与生态文明构建［J］. 特区经济, 2010 (1).

［36］周德成, 罗格平, 许文强等. 1960~2008 年阿克苏河流域生态系统服务价值动态［J］. 应用生态学报, 2010 (2).

［37］陆文聪, 马永喜. 水资源协调利用的利益补偿机制研究［J］. 中国人口资源与环境, 2010 (11).

［38］张红丽. 新疆节水生态农业系统理论与制度创新研究［D］. 华中农业大学博士学位论文, 2004.

［39］雷晓云, 何春梅, 魏晓江, 杜卫东. 新疆节水农业运行机制研究［J］. 灌溉排水学报, 2005 (2).

后　记

　　本书是新疆建设兵团社科基金项目（14YB05）："基于农业多功能理论框架下的兵团现代农业经营方式转变研究"、兵团重点文科基地——屯垦经济研究中心开放课题（ZX1403）："'五位一体'多功能框架下的兵团团场经营体系创新研究"的阶段性成果。本书是在课题主持人张红丽教授的带领和指导下经过三年多的调查研究形成的研究报告。具体的研究分工为：第一章，张红丽、冷雪玉；第二章，方宾伟；第三章，张朝辉、李静；第四章，马卫刚、胡成林；第五章、第六章，张红丽、代明慧；第七章，张红丽、马永泽；第八章，张红丽、吴潇雪；第九章，王蕾。最终审稿和统稿工作由张红丽教授负责。